The secretes of becoming a boss

這些都是那些老闆不外傳的藏私祕密

永續圖書線上購物網　讀品文化事業有限公司
WWW.foreverbooks.com.tw　yungjiuh@ms45.hinet.net

全方位學習系列 59

這些都是那些老闆不外傳的藏私祕密

編　　著　董振千
出 版 者　讀品文化事業有限公司
執行編輯　林美娟
美術編輯　林子凌

騰讯读书 BOOK.QQ.COM　华夏原创网 www.yuanchuang.com
本書經由北京華夏墨香文化傳媒有限公司正式授權，同意由讀品文化事業有限公司在港、澳、臺地區出版中文繁體字版本。

總 經 銷　永續圖書有限公司
TEL／(02)86473663
FAX／(02)86473660
劃撥帳號　18669219
地　　址　22103 新北市汐止區大同路三段 194 號 9 樓之 1
TEL／(02)86473663
FAX／(02)86473660
出 版 日　2015年02月

法律顧問　方圓法律事務所　涂成樞律師
CVS代理　美璟文化有限公司
TEL／(02)27239968
FAX／(02)27239668

國家圖書館出版品預行編目資料

這些都是那些老闆不外傳的藏私祕密 / 董振千編著. -- 初版. -- 新北市 : 讀品文化, 民104.02
面 ;　公分. -- (全方位學習 ; 59)
ISBN 978-986-5808-90-7(平裝)
1.企業管理
494　103026359

前言

不懂財務的老闆帶著全體人員在市場上和其他公司競爭，就像一個不自量力的人，拎著把特大把的關刀和別人打架。除了運氣好的時候能砍到別人，大多數的時間都是先砍到自己。可見做一個懂財務的創業者，就可以爲企業的平穩發展提供保障。

而如果企業經營者欠缺成本意識，更會在無形中提高企業的經營成本。如果員工沒有成本意識，那麼對公共財物的損壞、浪費就會視若無睹，讓企業白白遭受損失，這樣自然就會使開支增加，成本提高。企業生存如居家過日子，員工若不會精打細算，不能量入爲出，不能開源節流、杜絕浪費，企業的利潤就無法增加。

日本一家機器製造廠的老闆發現，裝配工人在生產過程中，對一些剩餘的小零件總是不太珍惜，常常隨手丟棄，他多次提醒也不見效。

一天，老闆走到裝配區，將一袋硬幣拋向空中，嘩的一聲，硬幣四散滾落，散亂在廠房各個角落。然後便默不作聲地走回自己的辦公室。工人們見狀，莫名其妙，一邊撿拾散落在地上的硬幣一邊對老闆的古怪行為議論紛紛。

第二天，老闆把裝配工人召集起來開會：「當你們看到有人把錢撒得滿地都是時，便會表示疑惑。雖然都是硬幣，還是認為太浪費了，所以一一撿起。但平時你們卻習慣把螺母、螺栓以及其他零件丟在地上，從不撿起來。你們是否想過，在通貨膨脹嚴重的情況下，這些硬幣其實不怎麼值錢了，而你們所忽視的零件，卻一天比一天有價值。」

幾乎所有的員工在聽完老闆的話後，都幡然醒悟。從那以後，大家都不再亂丟零件了，這一點一滴的節約，也為公司創下了一筆小收益。

管理既是一場人與人之間的對抗，亦是一場人與成本之間的博弈。控制了成本，至少可以表明：你不是一個失敗的管理者。而成本的最小化，則會使管理者登上財富的巔峰，成爲這場遊戲的終極贏家！

企業家經常存在著一個盲點，就是用了太多的語文管理，而不做數學管理。所謂的語文管理，就是形容詞、感歎詞太多，比如說：我們經常形容市場不錯啊，有增長啊，消費者很喜歡我們的產品啊，我們的團隊管理很正常啊。我們在描述、說話、開會的時候，用了太多感歎詞和形容詞。事實上，這些語言雖然適合外交辭令，但在企業的管理面前卻顯得蒼白無力。而數學管理強調，企業所有的情況都用數字說話。「我們現在庫存還有多少？」「這次交易給客戶幾天延期付款的時間?信用額的比例是多少？」「把今年的預算再砍掉百分之十五！」當管理者每一天開口閉口都是數字，管理才有力度。

語文管理常用詞：不錯、有增長、有提高、很正常、發展良好、效果還行、基本滿意、比較穩定等；數學管理常用詞：增長率、利潤、稅率、資產負債率、銷售額、百分比、同比等。企業家活在語文管理當中，就是活在自我的感覺當中，不可能確確實實瞭解企業真正的利潤在哪裡，更談不上創造利潤。

精細化管理是當代企業管理發展的趨勢，是一種理念、一種文化。精細化管理就是落實管理責任，將管理責任具體化、明確化，它要求每一個管理者都要到位、盡職。第一次就把工作做到位，工作要日清日結，每天都要對當天的情況進行檢查，發現問題及時糾正、及時處理。精細化管理也成爲決定未來企業競爭成敗的關鍵。精細化管理不僅是企業適應激烈競爭環境的必然選擇，也是企業成爲一個基業長青百年老店的必然選擇。實行精細化管理，尤其在面對財務問題時，堅持按照制度辦事。定時制定預算，隨時審核預算。

企業要想長壽，要想做強、做大，企業管理從粗放走向精細是必然要走的路，這是「強企壯身」的關鍵一步。

目錄

祕密01

零缺陷管理：視品質為企業生命，以品質換取「民心」

品質是企業的生命，是換取民心的根本途徑，無論是知名企業，還是百年老店，靠的都是品質，品質是佔領市場最有力的武器。為了保證品質，企業可以採取「零缺陷管理」，以消費者作為出發點，追求生產中每一步的精益求精。從生產前的預防做起，而不只是靠生產後的檢驗來發現錯誤。

如今的商界，面臨產業大老的壓迫是每個企業必經的現實，同時還要與實力相當的對手你追我趕，特別是新入行的創業企業，如何能在星羅棋佈的產業大軍中脫穎而出，在競爭中乘風破浪，立於不敗之地？靠得當然是產品的品質。品質的作用立竿見影，講求品質，注重信譽，無形當中爲企業增添了一筆難以衡量的無形資產，增加了企業競爭的籌碼；相反地，品質不合格的產品到了消費者的手中，企業的形象將會一落千丈，正所謂「千里之堤，潰於蟻穴」。

品質對一個企業的影響到底有多大呢？答案是，品質可以影響整個企業的命脈。美國行銷專家理查和賽斯也在研究中發現，顧客的滿意與忠誠已經成爲決定企業利潤的主要因素，有的企業在市場份額擴張的同時利潤反而萎縮，而有著消費者高忠誠度的企業往往獲得了大量利潤。另據調查，多次光顧的顧客可以比新顧客多爲企業帶來百分之二十至百分之八十五的利潤。因此，顧客的滿意與忠誠已經成爲決定企業利潤的主要因素。特別是在現在的市場環境下，市場份額和利潤的相關度已經大大降低，甚至有不少企業在市場份額擴張的同時利潤反而萎縮，此時顧客的忠誠度更成了影響企業利潤高低的決定性因素。

而顧客對產品的忠誠度又來自於什麼呢？是便宜的價格？還是產品不斷翻新？答案都不是，是品質！美國蓋洛普調查公司曾做過一項測驗，題目是《你願意爲品質額外支付多少錢？》其結果甚至使那些委託進行調查的人都感到吃驚：「大多數使用者只要對品質滿意，就願意多花錢。」因此可以得出結論：較高的品質直接帶來了顧客的忠誠度，同時也支撐了較高的價格和較低的成本，並能減少顧客的流失，也能吸引到更多的新顧客。由此可見，比起費盡心機揣摩消費者的心理去進行定價，或者追求商業模式的創新與差異化，立足品質才是發展的根本。

同仁堂為了保證藥品的品質，在藥材的選購上堅持嚴格把關。起初，北京同仁堂為了供奉御藥，也為了取信於顧客，建立了嚴格選料用藥的製作傳統，保持了良好的藥效和信譽。除了嚴格按照既定用藥標準外，對特殊藥材還採用了另一套標準以保證其上乘的品質。例如，製作烏雞白鳳丸的純種烏雞必須在無污染的郊區專門飼養，飼料、飲水都嚴格把關，一旦發現烏雞的羽毛、骨肉稍有變種，即予以淘汰。這種精心餵養的純種烏雞質地純正、味道鮮美，其所含多種氨基酸的品質始終如一，當然保證了烏雞白鳳丸的品質標準。

成藥是同仁堂的主要產品，為保證品質，除處方獨特、選料上乘之外，嚴格精湛的工藝規程也是十分必要的。如果炮製不依工藝規程，就不能體現減毒或增效作用，或者由於人為不良因素造成品質問題，不但會影響藥效，甚至會危害患者的健康。同仁堂生產的成藥，從購進原料到包裝出廠，都有上百道工序，加工每種藥物的每道工序，都有嚴格的工藝要求，投料的數量必須精確，各種珍貴藥物的投料誤差，都控制在微克以下。

藥品的品質關乎性命，同仁堂正是秉承著精益求精的態度才百年不倒，成爲消費者心中的優秀品牌。反觀如今很多企業，不僅不追求高品質，在產品出現問題後，甚至不在第一時間彌補，消除安全隱患，而是隱瞞事實，一旦東窗事發，整個企業就直接面臨倒閉了。比如三鹿奶粉事件，就使得曾經馳名於市場的三鹿集團一敗塗地。

單一企業的產品品質問題，甚至會嚴重影響整個產業和地區。山西發生假酒事件，致使整個山西酒業一蹶不振。假酒事件毀的不僅僅是一個酒廠，而是整個產業，甚至整個地區的形象。而如果是出口國外的商品，外商不僅會對出口企業失去信心，甚至整個出口產業都會受到影響。

企業如何才能充分保證產品的品質，「零缺陷管理」爲企業帶來啓示。「零缺陷管理」是全球品質管制大師克勞士比在六〇年代初所提出的概念，並在美國推行零缺陷運動，後傳至日本，在日本製造業中全面推廣，使日本的製造業品質迅速提高，並且達到了世界級水準，繼而擴大到工商業所有領域。所謂「零缺陷管理」的核心，是主張發揮人的主觀能動性來進行經營管理，工作者要努力使自己的產品沒有缺點，並朝向高品質目標而奮鬥。從一開始就本著嚴肅認真的態度把工作做到準確無誤，從產品的品質、成本與消耗、交期等方面開始，就要合理安排，而不是依靠事後的檢驗來糾正。零缺陷特別強調預防系統和程序的控制，要求第一次就把事情做正確，使產品符合對顧客的承諾，同時也要求企業各個環節都不能有任何紕漏。組成產品的每一個生產步驟都十分重要，正如串聯電路一般，缺一步就會導致整體的失誤。

可口可樂公司就是實現「零缺陷管理」的傑出楷模。比如清洗這一個環節，可口可樂公司就規定各生產廠，每生產二十四小時就要

進行一次三步清洗，每次清洗用時一點五小時；連續生產一周或更換一個品項，就要進行更為徹底的五步清洗，清洗用時二點五小時。每次清洗都可說是一個巨大的「浪費」，不僅清洗用水是生產用水的四點五倍，而且在生產管道清洗完並經過烘乾處理後，為了避免管道中殘留的微量水分沖淡第一批可口可樂的口味，還要用糖漿再進行一次沖洗——可見可口可樂公司對零缺陷品質的執著追求，為了保證出廠的每一罐可口可樂外觀衛生清潔，還專門設崗位清洗罐身、罐口。正是這樣精益求精的精神，才使可口可樂公司雄踞世界第一品牌寶座。

實施零缺陷管理要注意到以下兩點：

一、品質的保證必須是在預防的條件下進行，檢驗並不能給予品質的保證。

產生品質的系統必須是預防性的，不是檢驗性的。檢驗是在過程結束後把不符合要求的產品挑選出來，而不是從一開始就預防產品出現不符標準的問題。「檢驗」代表已發生的事情，缺陷已經產生，產品無法符合品質的標準；而「預防」發生在過程之中，包括溝通、計畫、驗證，以及逐步消除出現不符品質的可能性。理想的策略應該是以預防的方式來確保品質，將資源配置在保證工作能夠正確完成的目標上，而非把資源浪費在問題的查找和補救上面。

二、零缺陷是精益求精，而不是「差不多就好」。

零缺陷的工作標準，意味著在任何時候都要滿足工作過程中的全部要求。企業必須堅定拒絕向不符合要求的情形妥協，要極力預防錯誤的發生，這樣顧客也就不會接受到不符合要求的產品或服務了。

總結起來，就是簡單五句話：事情在第一次就做對；避免雙重標準；決不允許發生錯誤；非常重視預防；只有在符合全部要求時才通過。

祕密02

向採購要利潤：用談判降低採購成本

採購人員幾乎每天都在面對談判，主戰場是跟供應商之間就價格、成本、交期、品質、技術，和其他的合約交易問題進行談判；另外一個副戰場是跟內部客戶之間的大量談判。因此，擁有高超的談判技巧是採購專家的最大利器。然而實際情況是，大多數採購人員非常欠缺談判技巧，導致嚴重影響到個人、部門和公司績效。

同樣的市場攤子，同樣的商品，一個斤斤計較的老阿婆所得到的購買價格通常要比別人低一些。

這是爲什麼？因爲老阿婆不怕沒面子，她想要的就是最低價格，銷售商面對這樣的人通常會有所退縮。而一般人呢，大多會不好意思講價，即使要求降價，也是小心翼翼的，生怕丟臉。

與供應商談價格也是如此，諸如買菜老阿婆之類的人，經常可以拿到較爲理想甚至是最低的價格。當然，採購和市場上的「老阿婆」比，除了同樣難纏之外，他們更懂得談判技巧。

不懂談判技巧的採購是無法取得最大利潤的。借鑒成功的談判案例，對談判技巧的累積很重要，以下能見到幾個常見的談判技巧：

一、拖延談判時間

談判的漫長過程考驗雙方的耐力，而瞬息萬變的市場也很有可能在談判的過程中轉換形式。拖延戰術不僅可以讓備受煎熬的對手最

後喪失耐心，也可以利用市場變換讓形勢朝對自己有利的方向發展。

二、實施「逼迫」策略

你是把供應商當作菩薩一樣供著，還是把供應商捏在手裡呢？

如果把供應商當菩薩供著，你就會失去對他的掌控力，這也意味著降低自己的利潤。所以，你不但不能把供應商視爲菩薩，還應該在恰當的時機施以逼迫策略，逼他讓步。

如果感覺近期供應商想要提高價格，那麼就先下手爲強，發一封信給所有的供應商，告訴他們，「在半年內，公司不接受任何漲價」。不要害怕，最終的結果通常會是其中一半的供應商凍結價格，停止漲價計畫；剩下堅持漲價的供應商，只要你再進一步緊逼，可能還會有一半選擇退縮。

感覺目前採購價格已偏高的話，還是同樣發一封信，要求所有供應商降價百分之二。結果，仍然是有一部分供應商會屈服於你的「逼迫」，即使不能完全達到目的，也會讓你在採購談判中佔據主動，因爲採購人員可以在既有的基礎上再次對供應商形成「逼迫」。

三、兵不厭詐

兵不厭詐主要應用於涉及利益的貿易洽談，不但需要極大的耐心，而且還需要極大的細心。主要方式是藉由數字陷阱以及出價陷阱，讓對方過早高興或者恐懼，等到對方「上當」之後，就能達到自己想要的成交條件了。

一九九二年上海甲公司引進外牆防水塗料生產技術，日本乙公司與香港丙公司報價分別為二十二萬美元和十八萬美元。經調查瞭解，兩家公司技術與服務條件大致相當，甲有意與丙成交。在終局談判中，甲公司安排總經理與總工程師與乙公司談判；與丙公司的談判則全權委託技術長。丙公司得知此消息後，主動大幅度降價至十萬美元與甲簽約。

在這個商務談判中，甲公司採用了兵不厭詐戰術，讓丙公司認爲自己無合作意願，於是丙主動降價，期以更低的價格達成交易。

四、充分瞭解對方情況

這一點也是善於談判的猶太人在談判前的準備之一。在談判前，資訊應當是全方位的，不光是與談判主題有關的情報，更要詳細瞭解對手的一切情況。比如對方企業的情況，產業情況，對方的產品，甚至是市場上其他競爭對手的資訊，市場的動態等等，一旦意外地得到了強而有力的王牌情報，就能達到一舉扭轉局勢的機會。

瞭解對手時不僅要瞭解與談判有關的資訊，甚至還要瞭解談判人員的性格、對方公司的文化、談判對手的習慣與禁忌等。這樣可以避免很多因文化、生活習慣等方面的衝突，導致談判過程出現額外的障礙。另外，其他競爭對手的情況也是一個需要瞭解並掌握的因素。

五、製造談判氣氛

巴西一家公司到美國去採購成套設備。巴西談判小組成員因為上街購物耽誤了時間。當他們到達談判地點時，比預定時間晚了四十五分鐘。美方代表對此極為不滿，花了很長時間指責巴西代表不遵守時間，沒有信用，還說如果這樣下去，以後很多案子將很難合作，浪費時間就是浪費資源、浪費金錢。對此巴西代表感到理虧，只好不停地向美方代表道歉。

談判開始以後，美方似乎依舊對巴西代表來遲一事耿耿於懷，弄得巴西代表一時間手足無措，說話處處被動，無心與美方代表討價還價，對美方提出的許多要求也沒有靜下心來認真考慮，匆匆忙忙就簽訂了合約。

等到合約簽訂以後，巴西代表平靜下來，這才發現自己吃了大虧，上了美方的當，但已經晚了。

在這裡，美方一開始就利用巴西理虧來製造強勢的氣氛，讓對方不得不因爲理虧一再妥協。巴西正是陷入了這個困境，而在心理上處於弱勢。

六、摸清對方的底

在談判的時候，最關鍵的事情就是要知道對方心中最在乎的問題，一旦這個問題解決了，就可以直接擊中要害。揣摩對方想法常見的策略有以下幾種：

探路法：開出一個奇低的報價看看對方反應，然後根據對方的表情分析其底價。

發問法：比如對方報價每個十五元，你就可以直接問十元賣不賣?由此直接觀察對方的神情。

換位法：比如告訴對方，我與某個顧客談判時，該顧客的條件是什麼。若對方說「要是我也會成交」，就能夠知道對方的底線。

搭配法：比如買房子，問對方如果連傢俱一起買的話多少錢？

如果對方回答一個價錢，扣除傢俱的價值之後，就可以估算出對方房子的底價了。

量買法：比如對方的布料開價每米三十元，那麼就問對方，若將布料全部買下的話，是否可以便宜到每米二十元。借此探明賣方的成本大約是多少。

奉承法：多說一些對方的好話，讓對方心裡舒坦，從而化解其防備心理。

談判的技巧遠不止這些，能在談判時遊刃有餘的關鍵，就是在談判之前做好充足的準備。一般來說，談判大致可以劃分為三個階段：計畫與準備階段、面談階段、後續收尾階段。一提到談判，大多數人總是只聯想到面談階段，卻忽略了計畫與準備階段是這三個階段中最關鍵的。談判的結果如何，其實有百分之五十在你和客戶見面之前就已經決定了。專家的經驗認為，大約百分之六十到百分之七十的談判時間是花在準備工作中，真正花在談判桌上的時間只不過占總時間的百分之三十到百分之四十而已，可見準備工作之重要。

大多數人因爲忽略了計畫與準備階段，在談判時倉促上陣，因爲沒有做好充分的準備，使得談判結果不能盡如人意。因此請記住，在每一次談判之前做好計畫與準備，才是取得良好談判結果的基石。

有效進行談判準備，是取得談判勝利的關鍵。比如，猶太商人常常會在商務談判前瞭解顧客的基本需要，然後針對顧客的需要努力設法滿足它。對廣大顧客來說，生活上的需要、工作上的需要、精神上的需要，是基本必不可少的。當然，不同的顧客在這三方面的基本需要，又有輕重緩急之分。猶太人最善於針對顧客的基本需要，設法對顧客表示出關心。他們不光談商品、交易，還會根據洽談氣氛，適時地談談顧客生活上的愛好，精神上的追求，工作上的興趣、志向及成就等等。當他們瞭解了顧客對哪些內容感興趣，就會順水推舟地侃侃而談。這樣一來，氣氛融洽了，交易也就容易了。

祕密03

用招標方式降低企業採購成本

我們都知道成本管理要滲透到企業的各個環節，從上游環節的採購起，就會直接影響企業的生產成本。作為一個企業的經營管理者，採取合適的方式有效降低採購成本是必修的功課。而招標採購是一個不錯的選擇。

讓我們先從一個流傳已久的故事說起。在加拿大有一個海濱城

鎮，所有的人都以補沙丁魚為生的。但是，讓漁民們懊惱的是，沙丁魚一離開水面很快就會死掉，所以每個人賣的都是死魚。

唯獨有一個人能賣活的沙丁魚！為什麼？後來發現，這個人的沙丁魚之所以活下來是因為他在存放沙丁魚的魚池裡放進了沙丁魚的天敵——鯰魚。鯰魚一見到沙丁魚就開始攻擊，沙丁魚只好東躲西藏，四處逃命。一條鯰魚頂多吃兩條沙丁魚就飽了，其他的沙丁魚，則因為有鯰魚的威懾，在池裡面到處逃生，最後生存了下來。

這個案例告訴我們，經營管理有時候要學會無事生非，向故事中那位漁夫學習，製造危機感，給員工危機感，給客戶危機感，給你的供應商危機感，這樣才能在激烈的競爭環境中生存下去。

招標比價採購的意思是指，如果貨源比較單一，則一定要改成兩家或兩家以上來進行比價採購。根據企業的採購金額訂立比價標準。比如採購三千元以上的商品，比價的單位必須不低於三家；採購五千元以上的商品必須不低於五家。此外，對於企業所需的主要商品、主要材料，最好能夠每年增加一家新廠商進行比價。企業要不斷地開發新的供應商，優勝劣汰後才能找出具有競爭力的供應商。因爲有新的競爭對手出現，原有的供應商會變得非常積極，期望能夠以降價來獲得訂單。新供應商就像沙丁魚池中的鯰魚一樣，確保我們能夠補到活的沙丁魚，拿到最滿意的報價，降低採購成本。所以我們要做的是：不斷讓新的競標者出現，競標、競標、還是競標！

永遠不要在沒有瞭解狀況的時候很快地作出購買決定。因爲，在供應商面前，採購方永遠是上帝。企業在招標的時候，供應商所有的報價經採購部比較之後，會轉到審計部，由審計部門作最後的把關，然後由砍價專家出手。砍價專家基本上不會看過去採購的方式，而是參考自己的供應商目錄、供應商資料庫，從中間再找兩到三家，重新再作一次比較。此時價格的優勢馬上就出現了。

採購的過程中，強調的是把企業的採購範圍擴展到全國，甚至全球，哪裡有優勢和特長，就在那裡採購，一切以降低採購成本爲原則。當然，前提必須保證採購物品的品質。

企業在進行招標採購前，必須對供應商的資訊有完整而詳細的把握。建立供應商檔案是一個很好的方式。供應商檔案的內容主要包括：公司名稱、電話、地址、資本額、負責人、營業證件編號、營業資料、產品特點、產品類別、產品定位、產品歷史價格、與企業間的關係親密程度，等等。

根據統計，採購人員從事供應商資料收集的時間，大約占所有工作時間的百分之二十七，可見在整個採購過程中資訊的重要性不言而喻。

採購人員收集資訊的方法主要有三種：

一、上游法。瞭解你所採購的產品是由哪些材料組成的，並全面分析其製造成本；

二、下游法。瞭解所採購的產品都用在哪些地方，查詢這一產品的需求量和售價；

三、水準法。瞭解所採購的產品有哪些替代品，並獲得新供應商的資料。

採購資訊的來源主要有：

一、雜誌、報紙等媒體刊登的資訊；

二、利用資訊網路和產業調查服務來獲取資訊；

三、積極發展與供應商、顧客及同業的關係，從他們手中獲得資訊；

四、積極參觀採購展覽會或參加研討會；

五、透過加入採購協會或公會，以獲得組織內部的資訊；

六、採購人員親自實地考察，以獲得原始資訊。

公開招標，又叫競爭性招標，即由招標企業在報刊、電子網路或其他媒體上刊登招標公告，以吸引眾多企業單位參加投標競爭，最後由招標企業從中選擇得標單位的招標方式。按照競爭程度，公開招標可分爲國際競爭性招標和國內競爭性招標。

對採購企業來說，公開招標有以下好處：

一、增加有效供應商

有眼光的公司將會使其供應商不受地域、行業別的限制，在全國範圍乃至全球範圍內尋找更好的供應商。

二、採購流程透明

採購流程透明度的增加，將有效消除採購中「人」的因素影響。「人」的因素是很不穩定的因素，容易對企業的業績表現產生巨大的影響，是利潤水準起伏波動的主要原因之一。

三、提高採購品質

供應商之間激烈的競爭將促使賣方爲採購企業提供更高品質的

產品。優質的原料能保證企業提供高品質的產品或服務，增強公企業的競爭力。

同時，企業也不能忽視公開招標方式的限制：對於專業度較高的採購專案，具備資格的供應商較少；或者需要在短時間內完成的採購任務，若經過公開招標方式則顯得弱勢。所以「因時制宜」很重要。對於專業度較高的採購專案，公司必須採取其他方式來輔助，比如建立與供應商的良好合作關係，對比供應商的報價與品質之後直接進行採購。

某國營電力公司在招標採購時，根據專案實施部門所提交的招標專案預算，參考市場價格和近期類似工程專案的合約價格，編制各個招標專案的最高限價。對於競爭激烈的專案，投標價往往低於最高限價，換句話說，最高限價並不影響競價；而對於缺乏競爭對手的案子，最高限價則具有維護企業基本利益的作用。

從示範工程招標開始，該電力公司就在施工和鐵塔材料採購上試行了限價招標，而後又逐漸推廣到設備、服務等專案招標上。企業所制定的最高限價，是以控制專案的合理造價為基礎，由主管基建、生產技改和小型基建工程造價的部門統一編制，編制標準來自專案負責團隊所提供的預算、市場價格。

該公司在二〇〇九年已進行過三次集中招標，共二十四個專案，其中二十一個專案的四十九個標包都採用了設定最高限價的招標方式，且最高限價對投標價格的掌控力度也逐次增加。

第一次集中招標，共有十九個設定最高限價的標包，開標後沒有全部報價超最高限價的標包；第二次集中招標，共有八個設定最高限價的標包，開標後有一個標包的全部報價超過最高限價；第三次集中招標，共有二十二個設定最高限價的標包，開標後有兩個標包全部報價超過最高限價。對於全部報價超過限價的標包，就宣佈公開招標失敗，進入競價談判流程，讓所有的投標商當場提供第二次報價的公平機會。

經過二次報價，大多數投標商的報價都降到了最高限價之內。第三次報價超過最高限價的專案標商，其得標價與原報價相比，分別下降了百分之九點一和百分之二六點八，直接為公司節約了七十四點一萬元的專案投資。

在變電站的支架招標中，因預計投標商競爭激烈，故而未採用最高限價的方式。但開標後，投標商報價普遍偏高，超過了主管工程相關部門所掌握的同期市場價。經請示上級同意後，採用了限價招標的方式進行第二次重新招標。結果，投標商這兩個標包的得標價與原報價相比，分別下降了百分之十二點八和百分之時七點七，為企業節約四百八十八點一萬元。

以上案例讓我們看到，推行最高限價的招標方式使電力公司獲得了很大的收益，大大降低企業採購成本，提高了產品的品質，改善了售後服務。這些改進對於一個企業來講至關重要，它們共同構成了企業的競爭力。

有了招標採購，企業便可以掌握市場物價及其變化，降低了物料成本，有利於公司利潤的成長；多家供應商同時比價競標，使採購的過程公開透明，杜絕腐敗現象的產生；由於整個招標採購過程是在公正和公開的環境中進行的，也能保證交貨及時，品質更好。

雖然採購方式的選擇遠遠不止招標採購這一種，但是從上文的分析中，不難看出這種方式是相對優化的選擇。因此，作爲管理者，必須積極利用招標的方式進行採購，從而增強公司的競爭力，使企業能持久地屹立於市場！

祕密04 優化資源配置來降本增效

成本領先策略是著名的管理學教授麥克・波特所提出的三大策略之一，在學界和企業界都受到高度重視，關於有效控制成本的研究和探索從沒有停止過。而在資源有限的條件下實現優化資源配置，則是經濟學所要追求的目標。既然優化資源配置來降本增效同時涉及管理學和經濟學的問題，可見其重要性不容小覷。

一家企業如果贏得了總成本領先的地位，就可以獲得更強的競爭力，更大的利潤空間，也能贏得那些對價格敏感的顧客青睞。在微利競爭時代，實現有效的資源配置，遵循「絕不多花一分錢，絕不多浪費一分鐘，絕不多雇一名員工」的節約行政管理成本理念，已經成了企業獲得競爭優勢的撒手鐧。

不管是對於個人還是企業來說，資源總是有限的。如何用有限的資源實現高效率的配置，是企業生存和發展的目標。

英國人在節約行政成本上要了一個非常實用的「小聰明」——把垃圾桶「請」出辦公室。在把形形色色、大大小小的垃圾桶移出辦公室後，人們就算想扔張紙，也要繞上好遠的路，跑到唯一僅存的「中央垃圾桶」去。這個看似折騰人的「小聰明」，其中卻折射出見微知著的行政智慧。

這個辦法執行的意義很簡單：要是不願意為了扔張紙就大老遠跑出去丟的人，最好就繼續使用這張紙，一直用到紙上沒有空白為止。

在日本無論是政府，還是民間，都很清醒地認知自身資源不足，因此節約成了日本民族的傳統。在東京、大阪、石川、小松等都縣市政府，你都能感覺到公家單位在資源節約方面的示範。為節約辦公資源，方便民眾辦事，大多數地方政府都實行集中辦公，在公務員的辦公面積上制定了嚴格規定，沒有特殊待遇。部門與部門之間，同一級別的公務員辦公設備都沒有差別，辦公用品也都很普通，甚至比較簡陋。會議室的椅子、桌子都十分輕巧、結實，設計也很人性化、舒適度高。而更讓人難以理解的是，包括電腦在內的許多辦公設備，都是從專業租賃公司租來的，其目的只有一個，就是節約開支，控制行政成本。

在經濟發展相對成熟的英國和日本企業裡，對行政成本方面所作出的細微舉動，爲許多企業管理者上了嚴肅的一課。不管是管理文化的差異還是民族性格的不同，多數企業在行政成本管理方面的表現，向來不那麼令人滿意，甚至遭到詬病，造成了許多資源的不合理配置及浪費。企業經營者對此應該高度重視，深刻反思。

行政成本的一般結構與功能可以分為四個層次來描述：

第一層是「維持成本」。

這部分成本在整個行政成本結構中處於核心地位，功能是維持行政機構的存在，基本構成包括人員的工資、津貼、福利等。

第二層是「組織成本」。

這部分成本是行政機構所謂的「開門費」，基本功能是適應行政機構內部需要，在組織建設、人員培訓、物質技術手段的配製上給予經費支持，包括辦公費、組織活動費、人員培訓費等。

第三層是「公務成本」。

這部分成本主要包含會議費、差旅費、通信費、交通工具使用費，以及用於各種特別專案的費用等。

第四層是「業務成本」。

主要指屬於上述事務之外，因行政機構介入經濟活動而帶來的成本。主要分爲兩個部分，一是營利性業務成本，像政府投資或經營公有制企業或混合所有制企業，由此而發生的成本；二是政策性業務成本，如政府爲經濟調節、指導經濟活動而舉辦的事業所發生的成本。這兩類成本均可用廣義的企業成本來計算它們的開支。

這四個層次的成本又可以歸類爲兩大成本項目：即由第一層的維持成本和第二層的組織成本組成的「生理成本」；由第三層的公務成本和第四層的業務成本組成的「功能成本」或者稱「有效成本」，或者稱「產出成本」。

既然「節流」對一個企業來說那麼重要，那麼在對行政成本的

一般結構與功能進行深入剖析之後，又該如何著手優化資源配置，達到降本增效的目標呢？

一、壓縮生理成本、提高功能成本的產出率，無疑是降低成本、有效節約的直接重要途徑。整個行政成本中的「生理成本」是一個企業要正常運轉必不可少的，但只要維持在必要的水準就可以了，過多的生理成本會造成企業資源的浪費。而整個成本中的「功能成本」則直接關係到一個企業的核心收入來源。這部分資源的投入，將直接帶來企業生產的產品或者服務。因此，提高功能成本的產出率至關重要。

二、企業內部應該將提高資源利用率當作是全公司上下的共同責任，不要以爲提高資源利用率只是高階主管們的事。很多人認爲要「提高資源利用率」就必須引進更先進的機器設備、更高品質的管理軟體，單憑員工的努力是無法辦到的。事實上，正是這種錯誤的觀念導致了企業極大的浪費。每個員工在工作過程中都掌握並使用著相當數量的資源：生產工人管理著機器、原物料，行政人員手中也握著多種辦公資源。只要每一位員工都認真對待自己手中的資源，並想盡一切辦法提高這些資源的利用率，就可在保證工作品質的同時，減少對資源的消耗，實現利潤的最大化。

對於員工來說，節儉並不僅僅是節省一張紙、一度電的問題，更重要的是要提高各種資源的利用率，用最少的資源創造出最大的效益，從而實現降本增效。

浙江正泰集團是一個生產低壓電器的企業。員工在產品組裝時，只要碰到一個零件稍微有點變形，都會自動自發地拆下來調整一下，再把它安裝好，因而節約了大量的資源。同樣的情況在其他同行企業裡卻不是這樣處理的，在那些企業的流水線上，零件只要稍微變形，就算完全無礙也會馬上被員工淘汰掉。這樣一天下來，淘汰的零件就堆積如山了，而其中有很多零件只要稍微調整一下，就能安裝上去，且不影響產品品質。但是在大部分企業中，因為員工缺乏節儉意識，他們從來沒有想過要去利用那些「次品」。這無形中提高了廢品率，同時材料消耗也隨之大幅上升。

另外，正泰集團的員工們將原物料進行分級處理，充分利用人力和機器的不同特點，實現原物料最大限度的利用。如果碰上一些有附加要求的特殊產品，正泰的員工就會在生產過程中增加工序。由於訂單的多樣性，如果使用固定的自動流水線生產，將會耗費更多的資源，整體考量不夠經濟。所以在正泰集團，全自動生產線只有十二條，終端裝配仍由員工手工完成。能用手做的，絕不用電力機械完成，正泰的員工們把資源——時間、原物料、電力、人力等的利用率提到最高。

二〇〇四年，正泰集團面臨生產低壓器所必需的矽鋼片價格漲了兩倍的情況下，沒有提高售價，品質也沒有縮水。這些都依賴員工的節約習慣，這便是正泰集團最大的競爭資本。

從正泰集團的案例中我們可以看出，企業的節儉要靠每個員工在各個工作環節、領域的努力，需要處處以最少的資源創造最大的價值，從而爲企業的發展作出應有的貢獻。只有這樣，才能爲企業創造出最大的競爭力。

三、優化資源配置效率絕非小事，要引起經營管理者的高度重視，引導員工建立提高資源利用率的觀念。事實上，每個員工每天在做的每一件事，在舉手之勞中就能提高很多現有資源的利用效率。比如，隨手關燈，不佔用公物辦私事，在出差時自動自發地爲公司節省差旅費等等。這些舉動看似微不足道，但如果持之以恆，並形成了企業文化，節省下來的資源便是相當客觀的。

一項來自權威調查機構的調查結果表明，在同等規模產品的生產成本中，日本企業的能耗是世界最低的，只有中國企業的五分之一；德國企業的能源利用率排在第二位，只有中國企業的三分之一；

即使被美國企業所使用的資源，也比中國企業少了百分之三十；中國企業排在最後，能源利用率很低。

那這背後的原因到底是什麼呢？調查者認爲，員工對於節約能源意識的差異，是導致最終結果迥然不同的關鍵因素之一。日本企業的員工會自動自發地動腦筋，盡可能重複利用同一種資源，以提高資源的利用率。而相比之下，中國企業的員工則通常認爲，一種資源用一次就沒有用了，結果浪費了大量的資源。因此，讓每一位員工養成提高資源利用率的觀念，是擺在管理者眼前最重要的任務之一。

這是一個講究效率的時代，哪個企業如果在產業內效率低下，經過市場經濟優勝劣汰之後，最終必然遭到市場和消費者的唾棄。只有企業上下樹立起強烈的憂患意識，精益求精，將提高資源的配置效率融入到自己的工作中，才能實現整個企業的降本增效，使企業利潤快速提升，競爭力不斷增強，實現企業的可持續發展。

祕密05

砍掉固定成本的訣竅——虛擬化經營

作為一個企業經營管理者，購買固定資產，通常不是個很好的選擇。一般建議是有錢別買固定資產，寧願去做市場、做品牌、做客戶。沒錢更不能借錢買固定資產，寧願用租的。若有多餘的固定資產，更應該馬上處理掉。而砍掉固定成本的訣竅，就是虛擬化經營。

很多企業家都把錢花在固定資產上，他們忽略了一個問題：固定資產不是增加企業的利潤，而是侵吞企業的利潤。因爲固定資產購買了以後，你要承擔的是「七宗罪」：一是你的資產佔用了大量的資金，這些資金無法用來做別的投資，機會成本的耗費太大了；二是不管使用不使用，它都要產生的大量折舊，每天都在發生；三是固定資產不像其他資產，它會產生大量的磨損；四是一旦轉讓，或者因使用不足導致的損失，根本無法估量；五是當固定資產本身還在建造當中時，比如說蓋廠房、建生產線，都還需要大量的成本，同時也要耗費大量的時間；六是固定資產購買以後，經常閒置便會產生浪費；七是隨著技術的影響，固定資產要不斷更新，因此還會產生維護、修理的相關費用。七種浪費，就是固定資產的「七宗罪」！

以下我們用簡單的數字來說明。如果你的企業收入是十，成本是九，收入減成本等於利潤，那麼利潤就是一。此時若我們要增加固定資產，比如說要增加一輛汽車，我們會從什麼地方找錢出來買？對於企業來說，就是要從利潤裡面找，現金流裡面找。假如這輛車一百萬，那這一百萬的現金就變成了固定資產。所以本來利潤是十減九等於一，但是你買了一輛車，變成了零。你花了一百萬，拿到了心愛的車，代表這一百萬已經當場貶值了，因爲你不可能再以一百萬的價錢賣出去。然而，噩夢才剛剛開始。你買車以後，開始繳稅，開始裝飾，開始支付過路費、養護費，說不定還要請專職司機，於是要養人，就要有辦公場地，甚至還要有一個辦公室主任去管他。這些養路費、修理費、維修費、折舊費等等，會讓你應接不暇。

想一想，爲什麼很多國際級企業名下沒有車，他們寧願用租的。雖然租車感覺上似乎比較貴，但實質上並非如此，因爲從另一個角度來看，這樣的一次性開銷，比把固定資產變成了負債要好得多。

那麼企業裡的固定資產到底應該安置在什麼地方，才不影響自己的企業發展？聰明的回答是：安置在別人的廠房裡！我們知道，企業要降低成本，要擴大規模，但是實現規模經濟，首先要增加投資，擴大產能，加大固定資產投資。而一旦購買了固定資產，就要承擔各種費用，此時若銷售出現問題，固定資產就會成爲拖累，這樣的問題很令人頭疼。

專門生產微波爐的格蘭仕，也遇到了這樣的困惑。但是，與擴大生產線的策略反其道而行，格蘭仕走的是虛擬聯合、規模擴張的路，不僅沒有動用一分自有資金去投資固定資產，還把別人的生產線一個個搬到了內地，而且建廠用的還是別人的錢。

以微波爐的變壓器為例，格蘭仕一開始時分別向日本和歐洲進口。日本的進口價為二十三美元，歐洲的進口價為三十美元。格蘭仕對歐洲的企業說：「你把生產線搬過來，我們幫你做，然後八美元我們就讓你供貨。」日本企業在成本的擠壓下倍感煎熬，這時，格蘭仕對也日本企業說：「你把生產線搬過來，我們幫你做，然後五美元我們就讓你供貨。」於是，一條條先進的生產線逐漸搬過來了，規模大了，專業化、集約化程度高了，成本也大幅度下降。格蘭仕現在生產變壓器的實際成本，只要四美元。

與此同時，格蘭仕每天實行三班制二十四小時工作，使得格蘭仕每一條生產線都能創造出相當於歐美企業六至七條生產線的產能。不分晝夜狂奔的格蘭仕，將對手遠遠地拋在後面。

成本降低了，市場風險小了，沒有了固定資產的拖累，讓企業輕車熟路！企業只要集中精力在自己優勢的部分，將其他的工作外包給商業夥伴去做，因爲他們有既快速又便宜的生產規模和專業能力。將產品外包的方式在現代企業中應用得越來越廣泛，因爲這種做法可以大大降低生產所耗費的精力和成本，使企業迅速投入新的市場，並建立競爭優勢。

在一般人看來，企業要發展，資金、管道、人才、技術都是不可缺少的要素，只有當這五個要素都具備的時候，企業才能發展壯大。缺乏資源並不是發展的障礙，可以借助外部的資源來彌補自身的不足，只要自己有核心競爭力，努力維持自己的強項，把不擅長做的事情交給擅長做的人，就能達到大家都賺錢的目的。因此出現了外包這一模式。

在講究專業分工的二十世紀末，企業爲維持核心競爭能力，且因應人力不足的困境，可將組織的非核心業務委託給外部的專業公司，以降低營運成本，提高品質，集中人力資源，提高顧客滿意度。虛擬經營是新的經營模式，它爲企業帶來了新的活力。

「虛擬經營」是西方常見的一種現代經營模式，其特徵是：產品設計、生產網路及廣告宣傳等由企業自己掌握，而將生產環節則委託給其他企業。按照這種模式，企業就可以避免許多人財物方面的資源浪費，避免重複建設，利用社會上其他生產單位的能力，幫助他們發揮實力，也使自己的實力得以集中展現。

一位名叫周成建的商人就將這種現代經營方式引進了溫州，創立了「美特斯．邦威製衣有限公司」。

創立於一九九四年的美特斯．邦威是一個專營服裝的企業。一九九五年，美特斯．邦威的銷售額只有一千多萬元；二〇〇〇年銷售額達五點一億元；二〇〇一年，美特斯．邦威的銷售額就達八點七億元；二〇〇二年，銷售額已經突破十五億元；二〇〇三年，則已經接近二十億元了。在不到十年的發展中，美特斯．邦威的銷售額增長了近三百倍，發展速度近乎直線式，銷售網路則擴展到各大城市。

但是，你能想像美特斯．邦威是一家沒有工廠的服裝公司嗎？

集團董事長周成建說：「美特斯．邦威已簽約好幾百家企業為他們進行生產加工，每年支付給生產廠商的金額高達一、二十億。」美特斯．邦威能在短短的幾年間迅速地發展起來，主要就是用了虛擬經營的生產方式。這種生產方式的特點就是避開重複建設，走專業化之路，是企業突破資金、設備、技術等限制，實現快速發展的有效途徑。

其實虛擬經營也是一種借力，周成建說：「在累積的資本非常有限的情況下，如果不採用虛擬營運這種方式，可能根本走不到今天這樣的規模。這麼多工廠都要自己出資出力去建的話，起碼需要好幾年的時間，更何況還有近千家專賣店呢？而且即便不算時間，每家生產企業至少也要幾千萬元的投資。以我們合作的一百多家生產企業來看，算下來也是一個天文數字。」

目前，美特斯・邦威的所有產品均不是自己生產，而是外包給廣東、江蘇等地二十多家企業加工製造，僅此一項，就節約了兩億多元的生產基建投資和設備購置費用。

在銷售方面，美特斯・邦威則採取了特許連鎖經營的方式，通過契約將特許權轉讓給加盟店。加盟店在使用美特斯・邦威公司統一的商標、商號、服務方式的同時，要根據區域的不同情況分別向美特斯・邦威公司繳納五萬到三十五萬元的特許費。目前，企業已經擁有八百餘家專賣店，除了約百分之二的直營店以外，全部都是特許連鎖專賣店。

如果這些專賣店都是由企業自己投資建立的話，一方面需要較長的時間，另一方面也需要兩億多元的資金。利用契約特許加盟的方式，不但節省了投資，而且還能因為特許費收取的方式，籌集到一大筆無息發展資金。

把生產和銷售外包出去後，美特斯．邦威把主要精力用在產品設計、市場管理和品牌經營方面。一九九八年，美特斯．邦威就在上海設立了設計中心，並與法國、義大利的知名設計師開展長期合作，把握流行趨勢，形成了「設計師＋消費者」的獨特設計理念，每年推出約一千個新款式，其中約有百分之五十正式投產上市，取得了良好的經濟效益。他們還開設了近兩千平方米的旗艦店，堪稱服裝品牌專賣店之最。郭富城領跳的ParaPara流行舞的廣告片段也頻頻出現在電視上，「不走尋常路」的廣告語成為家喻戶曉的口號。

通過虛擬經營，這些企業，尤其是溫州服裝企業的產量占全中國服飾產量的十分之一，銷售額增長超過百分之一百。由此可見，虛擬化經營帶給溫州企業的不僅僅是發展，更是財富。

虛擬化經營的好處主要體現在：

一、避免組織過度膨脹，集中人力資源降低成本。

二、利潤提升，成本有效降低，資金利用效率大大提升。

三、投資企業競爭力，提升效益與客戶滿意度。

四、不受既有的專業知識技能限制，企業運作更加靈活。

那麼該怎樣把虛擬化經營做好呢？

一、樹立全新的企業經營理念

大多數中小企業在經營觀念上有著目光短淺、思路狹窄等問題，成爲影響企業發展的主要因素。要想利用虛擬化這種新的組織方式，就要樹立全新的企業經營理念。虛擬企業的經營是超常規的經營模式，企業要塑造處於知識經濟時代的全新理念，使有關人員切實理解，堅持虛擬企業的策略和精神。首先，樹立「以顧客爲中心」的經營觀念，即改變傳統大批量、定制化模式下，企業以低成本、高品質爲中心的經營理念，主動分析市場需求，從用戶立場出發，以顧客爲經營中心，整合多個夥伴企業的資源，以客戶爲中心提供服務。要善於看準客戶需求、挖掘客戶潛在需求、引導客戶創造需求。其次，樹立「雙贏」的企業合作觀念，即克服傳統的競爭方式，建立務實的合作觀念，營造一種坦誠的「虛擬文化」，強調企業成員間的互惠互利，通過多層次、多角度的合作，謀求共同的發展，實現「雙贏」。最後，樹立「終身學習」觀念，保持良好的學習氛圍，要用互動的組織化學習取代孤立的個體化學習，通過內外部相互交流提高經營團隊的素質，增強組織競爭力。

二、積極培育並不斷增強自身的核心競爭力

中小企業能否在這場虛擬革命中取勝，關鍵就在它是否有自身賴以生存的核心競爭力。虛擬企業之所以能夠聯合起來成爲夥伴，是因爲彼此核心能力的互補和共用。中小企業要著力於培育自身特有的、競爭對手難以模仿的核心能力，並予以保護。這種核心能力是企業的專有資源，它可以是企業擁有的品牌、技術、銷售網路、人才等。技術進步和創新的快速發展，能夠促進企業在整個產品上擁有壟斷優勢。企業夥伴具有能夠協調互補的核心能力，是構建虛擬企業的必要條件，也是決定其成敗的首要因素。每個合作企業的核心競爭力都會使整個虛擬企業更具有競爭力，並且藉由把自身處於弱勢的職能虛擬化，借助外部資源實現優勢互補，就能獲得更大的發展。

三、培養學習型管理人才

虛擬企業之間沒有領導與被領導的關係，只有共同的利益均衡點。虛擬企業的經理不再是命令的發佈者，而是彼此的協調者。這種新的合作關係需要新型的領導者，他要以聰明智慧和人格魅力贏得虛擬企業的共識。許多成功的大型企業不乏領袖型領導人才，但對於廣大中小企業領導階層來說，自身素質的提高、人格魅力的養成就顯得格外重要。對於中小企業管理人員來說，他們應該勇於創新，敢冒風險，具有自我奉獻和犧牲精神；善於創造組織的共同未來遠景，能透過組織內環境的創造性變革來改變組織外部生存環境；善於溝通和激勵，能清楚地向下屬闡明目標與要求，鼓勵下屬爲順利開展工作提供建議和協助，爲達到目標而努力。中階管理人員在虛擬企業中由考評、監督者的角色轉變爲教練的角色，爲其所領導的團隊順利開展工作、提供建議、協助、鼓舞和激勵。虛擬企業是各合作企業核心競爭力的聯盟，要求企業的所有員工都應具有更多的知識和更強的適應能力。因此，中小企業建立學習型組織，營造終身學習的企業氛圍是十分必要和有效的。

四、構建好虛擬企業的資訊系統

虛擬企業作爲由不同企業組成的動態聯盟組織，順暢、高效、快捷、低成本的資訊流是它順利運作的基本保證。它的資訊系統要適應業務流程不斷變化的要求，滿足企業夥伴的動態變化。因此，虛擬企業的管理系統必須具備開放性、相容性、彈性、安全可靠等特點。對於中小型企業來講，資訊化建設是實現事半功倍的必然途徑。因此，中小企業一定要捨得在資訊系統上進行投資，建立全方位的資訊交換網路系統。

總之，在經濟全球化、競爭激烈化的條件下，中小企業實現虛擬化經營是企業發揮優勢，以小搏大，以弱勝強的制勝法寶。

祕密06

科學管理庫存，減少無形耗費

庫存是企業為滿足市場需求，保證生產連續性而進行的一項必要投資，但庫存管理不善卻會帶來較嚴重的經營問題，造成無形耗費。因此，科學化管理庫存是創業者要面對的關鍵問題。

一般生產企業的物料成本往往占整個生產成本的百分之六十左右，但這只是有形成本；至於隱形成本，則指物料的儲存管理成本。

物料儲存管理成本是指從物料被送到公司開始，到成爲成品賣出去之前，爲它們所投入的各種相關管理成本，如倉庫管理人員的薪資、倉庫的資金和折舊、倉庫內的水電費、利息、管理不當所造成的損耗等。

因此，採用科學的庫存管理策略，盡可能減少庫存，甚至消除庫存，對企業降低成本，提高適應現代市場能力，樹立現代企業形象，到最終提高經濟效益，都有十分重要的意義。於是「零庫存」這個概念便應運而生。

零庫存的含義是指倉庫儲存數量很低，甚至可以爲「零」，也就是不保持庫存水準的意思。零庫存可追溯到一九六〇至七〇年代，當時的日本豐田汽車實行準時制（just in time，簡稱JIT）生產，在管理手段上採用了看板管理，以單元化生產等技術，在生產過程中實現幾乎沒有積壓原物料和半成品的概念。這種製造流程，不但大大降低了生產過程中庫存和資金的積壓，而且在實現JIT的過程中，也相對提高了相當於生產活動的管理效率。而生產零庫存在操作層面上的意義，則是指物料（包括原物料、半成品和成品）在採購、生產、銷售等一個或幾個經營環節中，不以倉庫儲存的形式存在，而均是處於周轉的狀態。也就是說，零庫存的關鍵不在於適不適當，也不在於是否擁有庫存，問題的關鍵在於產品是處於儲存還是周轉的狀態。零庫存追求的就是將庫存成本減到最小，這也正是眾多企業追求的理想目標。

戴爾的零庫存直銷模式享譽全球。

戴爾的營運方式是直銷，在業界號稱「零庫存高周轉」。在直銷模式下，接到訂單後才將零件組裝成整台電腦主機。與大部分企業根據對市場預估制訂生產計畫，批量製成成品的方式非常不同。戴爾按照顧客需求生產，需要在極短的時間內完成，因此速度和精度就是考驗戴爾的兩大難題。戴爾的做法是，利用資訊技術全面管理生產過程，透過網路，戴爾公司和上游的配件製造商迅速對客戶訂單做出反應：當訂單傳至戴爾的控制中心，控制中心把訂單分解為子任務，並通過網路分派給各獨立配件製造商排產。各製造商按戴爾的電子訂單進行生產組裝，並按戴爾控制中心的時間表來供貨。戴爾所需要做的，只是在成品區完成組裝和系統測試，剩下的就是客戶服務中心的事情了。通過各種途徑獲得的訂單匯總之後，供應鏈系統軟體會自動地分析出所需原物料，同時比較現有庫存和供應商庫存，整合出一個供應商材料清單。而戴爾的供應商僅需要九十分鐘的時間準備所需要的原物料，並將它們運送到戴爾的工廠，戴爾再花三十分鐘時間卸載貨物，並嚴格按照訂單的要求將原物料放上組裝產線。由於戴爾僅需要準備手頭訂單所需要的原物料，因此工廠的庫存時間僅有七個小時。而這七個小時的庫存，可視為只是處於周轉過程中的產品。

零庫存管理主要體現在這幾個方面：

一、對整個供應鏈系統的存貨進行控制；

二、強調對品質和生產時機的管理；

三、採購批量爲小批量、送貨頻率高；

四、供應商選擇長期合作，單源供應。

而要真正實現「零庫存」需要幾個必要條件：一是整條供應鏈的上下游互相配合，僅靠其中某個企業是絕對不可能達成的；二是供應鏈上下游企業的資訊化水準相當，因爲零庫存是與即時生產相伴而生的，這樣才能順其自然地實現供應鏈廠商間的「零庫存」；三是要有強大的物流系統作支撐。

所以，「零庫存」不是某個企業一廂情願就可以了，它不僅依託整個供應鏈上下游企業的資訊化程度，還需要有合適的產業環境、社會環境等。盲目追求形式上的「零庫存」，只會使強勢環節欺壓弱勢環節，最終破壞整個供應鏈的平衡。從現實需求和長遠發展來看，實現整條供應鏈的資訊化聯動，才能達到真正的零庫存，從而實現減少耗費、做到有效節約。

這個時代，能生產出產品不算英雄，賣得出去才是英雄！對生產型企業來說，庫存的費用是巨大的，存貨保險、倉庫租金、人員薪資、庫存合理損耗等等，每一筆都足以讓企業經營管理者頭痛。而且，還佔用了企業寶貴的現金流。

那麼生產型企業應該怎麼處理因為庫存而衍生出來的困境呢？

一、做到零庫存，將所向披靡

在產品過剩的時代，任何一種產品都是過剩的。所以，任何時候有庫存都是愚蠢的。二〇〇五年的IT業界，有一個大新聞——IBM，這個在全球不可一世的電腦製造商，居然把筆記型電腦業務賣給了中國的聯想！這場「蛇吞象」大戲的上演，可不是IBM對聯想的施捨，而是因爲筆記型電腦業務在舉步維艱的情況下，不得已而忍痛割愛。IBM遇到了產業裡最大的一個競爭者——戴爾電腦。在戴爾的攻擊下，IBM繳械投降。有人說，IBM的失敗就是敗在庫存上。

戴爾電腦與IBM對決，最有力的武器就在於零庫存。所謂零庫存，是戴爾公司採用的一種新型行銷模式：先市場、後產品。常規的方法都是先做產品，產品出來再賣給消費者，而今已經不是了。這個時代，已經是以客戶為核心的時代，產品早就過剩了。所以，戴爾自己不生產任何電腦，不加工任何電腦，不供應任何電腦元件，電腦外部的、內部的零配件都不做，它把精力、時間聚焦在一件事情上，以客戶為核心。

戴爾瞭解客戶，預測客戶的需求，為客戶量身定制，然後把客戶的需求資訊傳遞給製造商，製造商再按照戴爾發出的指令製造產品。之後，由供應商再傳遞給經銷商，通過經銷商再傳遞給客戶。整個流程都在戴爾的控制下，但它不接手任何有形的產品，於是它做到了零庫存，擊敗了IBM，所向披靡，無懈可擊。

二、要市場不要工廠

砍掉庫存的最高境界是不要工廠。沒有了工廠，自然有可能連倉庫都不需要。那麼，不要工廠要什麼呢？很多的企業說起自己的實力，就提起企業的產能有多大，員工有多少，廠區占地面積有多廣，其實這些都不是值得驕傲和效仿的。

從目前的狀況來看，比較原物料產業、產品加工業、銷售業，在這個產業鏈中，誰付出最多誰利潤最少？加工企業利潤最少，付出最多！以銷售爲主要服務的企業，利潤都大於加工業。所以明智的企業不會被廠房和生產線捆住自己的手腳。把投資廠房的資金投向市場，建立品牌管道，帶來品牌的增值和市場的擴大，正可謂上兵乏謀，打沒有硝煙的戰爭，沒有產品的戰爭。

耐吉沒有自己的工廠，所有的運動鞋、運動服都由勞動力成本低的企業生產，一雙鞋子的成本也就幾百元，但耐吉的設計、廣告、體育贊助費卻多得驚人，這些在市場上的投入雖然看不見摸不著，但卻變成了品牌價值，鞋子賣兩、三千元台幣也不乏青睞者。

能夠製造產品的企業多得很，可是，客戶卻在不製造產品的公司手中。知名企業透過品牌、研發、服務，把客戶資源牢牢掌握著，它們不作生產，不用前店後廠，不需要倉庫，把庫存砍到零，成本降到了最低。

三、不是客戶買單，就是你買單

並不是每個企業都能像戴爾那麼瀟灑。如果你管理著一個生產型的企業，必須面對庫存的煩擾，該怎麼辦？請記住十二字原則：「先客戶，後產品；先感應，後回應」。先找到婆家，再生女兒。

同時，要把庫存和管理者的獎金利益掛鉤，讓行銷高層、生產高層和倉庫管理員知道，庫存水準將和他們的獎金成反比，這樣一來就可以產生有益的結果：他們之間溝通會變得非常密切，相互配合，相互協同。

行銷和生產兩個部門，要定期召開產品說明會。生產部門先分析產品的特點、成本、銷售對象、市場狀況，以及競爭對手的產品；銷售部門針對產品發表意見，提供客戶回饋的資訊、利潤，以及現在經銷商的狀況。生產部門的人員依據這些訊息進行改進、完善產品，滿足客戶需要，而銷售方面的人員也能更加瞭解產品，熟悉產品。生產和銷售部門之間加強溝通的重要成果是：生產部門只生產能銷售出去的產品。

二十一世紀是客戶經濟，客戶就等於利潤。記住，你生產出的產品若不是到客戶身邊，就是我們自己留下來，不是客戶買單，就是自己買單。如果你不希望買單的人是自己，那麼就請從買單的人身上打主意吧。

四、什麼是最低存貨標準

有一個問題不能避免，就是該如何管理原物料採購方面的存貨，這既然不能算是產品的存貨，又該怎樣管理？首先，產品的存貨越低越好，只要能保證供應不斷就可以了，而原物料的存貨卻不是越低越好。

你必須有一定的原物料在手邊，才做得出產品。怎麼樣做到既保證企業生產經營的正常進行，又保證盡可能少佔用企業資金，減少儲存成本呢？這就要確定一個安全的存貨量和一個最低的存貨量。確定這兩個數字的計算公式很簡單，就是：

安全存貨量＝（預計每天最大耗用量-預計平均每天正常耗用量）×預計訂貨提前期

訂貨提前期就是訂貨需要提前的天數。從給供應商訂單直到貨送至你手上，所需要的天數。

五、降低企業庫存的細則

從一九七七年到現在，高科技公司的庫存績效成倍增長，周轉次數從二點五次增加到了五次。某些企業，如蘋果公司，現今庫存的運作時間甚至只有六至八天。那他們是怎麼做到的呢？

(1)直接送到生產線。如果原物料是由本地供應商所生產，那就讓供應商根據生產需求，在指定的時間直接送到生產線去生產。這樣一來，因爲不進入原物料庫，便可以保持很低或接近於「零」的庫存，省去大量的資金佔用。

(2)整合取貨路徑。對於供貨量比較小而供應商較多的情況，將運輸過程加以整合。讓運貨車每天早晨從廠家出發，到第一個供應商那裡裝上準備的原物料，然後到第二家、第三家……以此類推，直到裝上所有的物料，然後再返回。

(3)聘請專業物流。不同供應商的物流若缺乏統一的標準化管理，在資訊交流、運輸安全等方面，都會帶來各種各樣的問題，不如請專業的人做這件事，聘請專業物流廠商。

(4)與供應商時刻保持資訊溝通。讓供應商看到你的生產計畫，並根據你的計畫安排存貨和生產。如果供應商在供應上出現問題，要請對方提前預警。

(5)通過與供應商建立良好關係，確保優先送貨，從而縮短了等待購買的時間。

(6)與供應商商討為某些庫存付費的可能性，比如退貨機制。供應商為了換取長期或未來優先考慮，往往願意商討類似的建議。

(7)訂貨時間儘量接近需求時間，訂貨量儘量接近需求量。改善需求預測；縮短訂貨週期與生產週期；減少供應的不穩定性；增加設備、人員的彈性。這些都可以透過為生產運作備下緩衝能力、培養人員等方式來實現。

(8)採取互惠政策，與其他競爭對手共用庫存（也就是遇到緊急情況時，把貨賣給同行，在成本上稍微加一點處理費用）。

(9)轉移庫存。對於有季節性或是持續時間比較短暫的產品，在旺季來臨時往往需要大量的存貨以應對驟增的銷量，這將對庫存產生極大的壓力，同時佔用大筆流動資金。有一個企業的解決辦法就是：要求各經銷商在旺季期間如果提前兩個月提貨付款，商品便按原價的百分之七十計算；如果提前一個月提貨付款，按原價的百分之八十五計算；如果到了旺季時才提貨，就必須按原價的全價付款。這種辦法只要折扣收益低於庫存成本和資金成本，就有利可圖，而且還同時解決了應收帳款的難題，加快了資金周轉。

祕密07

提升提高閒置資產的使用效率

資產對於一個企業的意義之重大已經不用過多強調了，資產的數量和品質直接決定了一個企業的實力。作為一個企業經營管理者，肩負著提高資產使用效率的責任。如果把資產閒置著，那真是太罪過了。

經濟學家認為，資本是發展中國家的高度稀缺資源，資本的形成、規模、結構制約著廣大發展中國家經濟的增長。對於一個企業來講，在資金外部環境既定的情況下，如何挖掘內部資金，特別是閒置資金的使用率，將是一大關鍵。何謂閒置資產呢？閒置資產是指已停用一年以上，且不需用的，或者已重新購置準備替代掉的舊資產。

同濟科技股份有限公司旗下有許多子公司和分公司，在貨幣資金的使用周轉需求上往往存在著時間差。以前這種貨幣資金使用的時間差都由銀行來調節。該集團樹立資金統籌使用的理念後，制定了資金管理條例，要求各子公司、分公司每月編制資金供求計畫，算出貨幣資金的收入、支出、多餘或不足，由總公司統一安排，互相調劑，有償使用，年終清算。例如，根據資金供求計畫表反映A類公司有多餘資金一千萬元，B類公司資金不足五百萬元。於是，總公司的計畫財務部便把A類公司的閒置資金五百萬元供應給B類公司使用，按固定年利率計算；並由總公司計畫財務部開出資金佔用單，一式三份，一份給資金供應方，一份給資金需求方，還有一份由總公司計畫財務部保存，作為年終核對A、B公司有償使用資金的結算憑證。做到事先有計劃，事中有平衡，事後有考核，以降低籌措資金的成本。

從同濟科技股份有限公司的案例中我們看到，企業在籌資和經營活動中，經常會產生大量的現金，這些現金在轉入資本投資和其他業務活動之前，通常會閒置一段時間。這段時間往往不長，有時甚至只有幾天時間。即便如此，如果對於這些暫時閒置的資金採取積極的現金管理，即使超短期也可以爲企業創造可觀的收益。如今很多企業的資金鏈緊繃，並非因爲絕對的資金緊缺，而是未能有效利用。只要合理地運用現金流，多數企業都可以擺脫資金鏈緊張的狀態。

接下來我們就分析以下一般企業閒置資產的基本原因。

一、企業改制或企業轉換了產業結構，造成了原有的設備閒置

當經濟進入了高速發展時期，企業改制分流將帶來諸多的影響，譬如：河南油田自二〇〇〇年改制後，分成了上市公司與存續公司兩大公司。上市公司與原公司分離後，經濟資源得到重新配置。分給上市公司的是高效、優良的資產，留給存續公司的是低效、閒置以及快要報廢的資產。由於企業改制，有些企業原來的前進方向也隨之發生了變化，如石化存續企業所屬單位在未改制前大部分是企業的後勤單位、輔助生產單位；在改制後，大部分仍主要是爲上市公司提供動力供應、設備安裝、檢修勞務、後勤服務等。隨著上市公司技術改造任務的減少和檢修間隔時間的延長，存續公司內部的工作量明顯不足，加上過去從沒有向外部開拓過市場，造成了大量資產閒置。當企業的經營發生了變化，舊有的資產也就無用武之地了，成了企業前進路上的包袱。

二、對設備進行汰換，原設備不再適用，形成閒置資產

在經濟高速發展的時代，社會日新月異，人民的生活蒸蒸日上，這一切都應歸功於科技的發展。正因爲科技的發展，使我們創造了前所未有的新時代，科技的發展使企業產品改朝換代的間隔大大縮短，生產能力不斷增強，產量大幅度提昇，商品的流通速度加快。但是在企業產品更新的背後，所代表的是企業資產設備的更新與改造，伴隨著舊有資產設備的報廢與閒置。此類設備雖然在生產上失去了原來的地位，但卻依舊耗費著空間和看管人力，企業必須爲此負擔一定的費用，對於此類閒置資產的處理，也是一個急需解決的問題。

三、工作量不飽和，市場佔有率縮小，造成資產閒置

由於現代市場競爭異常激烈，使得企業產品的市場佔有率不高，工作量不飽和，產品生產量達不到設備原有的生產能力，使一些中小型企業所佔有的市場逐漸縮小，產品大量積壓，生產量逐年減少。有的企業在這種情況下，爲了減少各項成本費用，避免更大的損失，就停掉了幾條生產線，造成設備閒置。

四、破產或倒閉，造成企業的固定資產閒置

由於企業內部管理存在缺陷以及財務結構不合理等原因，加之企業外部經營環境競爭激烈，使得企業現金流出現負數，只有支出，沒有流入，長期下來企業的營運資金難以爲繼，只有申請破產、倒閉，從而造成企業整體的固定資產閒置。

閒置資產給企業帶來的負面影響主要體現在以下幾個方面：

一、財務資訊失真

大量閒置資產充斥在企業中，使企業財務資料不實，在財務報告上往往表現爲資產的「虛胖」，不能真實反映企業的資產營運狀況，造成企業虛增資產、虛增利潤。使對外提供的財務會計報告，所反映的資訊因此也失去其真實性，這不僅不符合會計核算的真實性原則，也有悖於穩健原則。

二、管理成本高，包袱重

閒置資產的管理及人工成本耗費量大、不但使企業包袱沉重，而且造成大量資源浪費。首先對於大量閒置資產，企業不但要付出人工成本進行管理，並且對於整體完好的設備，每年還要進行維修、保養。不僅這樣，企業對固定資產均需要提取折舊費用。此外，閒置資產同時佔用一定的場地，被佔用的面積也喪失了其它投資機會。再次，閒置資產在每年企業的資產清查中，都會替人員帶來不必要的工作量，浪費大量的人力物力。

三、減弱企業籌資能力，增加企業風險

由於現代市場的活躍，以及資本市場蓬勃發展，爲企業籌資提供了廣闊的機會。但是由於大量閒置資產的存在，使得有些企業帳面很好看，實際虧損卻很嚴重，導致會計報表不確實，不利於股東、企業經營者、廣大投資者、債權人以及銀行等資訊使用人的經營、投資決策，從而毀損企業在資本市場的聲譽，影響企業的籌資能力，增加經營風險與財務風險。

既然閒置資產的負面影響那麼大，對於企業經營者來說，如何處理好閒置資產顯得格外重要。

一、開展租賃業務，進行閒置資產的再利用

企業重組改制造成的閒置資產，可以通過尋找租賃市場，開展租賃業務，來進行閒置資產再利用。資產租賃不僅可以解決重組後的存續企業和股份公司所面臨的資金短缺問題，還可以提高集團公司整體的經濟效益，加快企業的發展。

二、實行個人承包，減少企業投入

對於閒置的資產整體完好無損的、有可利用價值的，但對於企業生產的前端產品來說已不需使用的設備，以及因企業改制造成空置的房屋、場地等，可實行個人承包，減少企業投入。

三、加強對外投資，尋找合作夥伴

對於企業內部不需用的、但整體完好的、無損失的閒置資產，可以採取對外投資，積極尋找合作夥伴，儘量利用閒置資產，取得相應的投資收益。

四、進行資源再配置，發揮最大效能

對於企業集團來說，母公司應擔負起橋樑責任，在企業集團內部將各子公司不適用、不需用的閒置資產互相調撥，優化資源配置，充分利用企業資產，創造經濟效益，從而提高企業集團整體的生產能力，以增強抗風險能力。

五、適當進行資產置換，節約貨幣資金

對於生產上需要的存貨或設備，可以利用現有的閒置資產進行置換，以節約企業的資金。現代企業用資產換資產的非貨幣性交易，已成爲企業優化資產結構的一個重要手段。

六、透過仲介，公開拍賣

企業因破產或倒閉造成的資產閒置，可以通過仲介機構進行拍賣，變現其價值。對於已經過時的，在企業生產經營過程中不需使用的存貨，也可以採取降價方式在市場中銷售，把死錢變成活錢，增加企業的現金流量，使資源在大環境中進行合理配置。

七、申請報廢，確認損失

採取過一定措施之後，仍不能爲企業帶來預期經濟利益、且無變現價值的閒置資產，便可進行申請報廢，以減少人工、場地費用的支出等。

在閒置資產的處理過程中，還要看企業當時所處的具體環境，如果閒置資產處理好了，企業便可以甩掉包袱，輕裝上陣，使企業現有資產高速、高效運轉，同時降低經營風險，並使財務資訊更具有真實性、可信性，以利於股東、企業經營者、債權人、投資者等資訊使用人的投資經營決策，從而樹立企業的良好形象。

祕密08 砍掉面子，客戶不會為你的奢侈買單

作為一個合格的經營者，要認真去分析經營環境的文化，文化決定了企業將採取的策略。在我們的文化中，面子問題很重要，企業家不僅要處理好自己的面子，還要處理企業的面子問題。

美國哲學家愛默生說過一句話，「金錢帶來人的面子和尊嚴，金錢就是面子。」這個社會沒有錢，就沒有面子。面子問題由來已久，值得每一個人的關注和重視。對於一個企業家來說，不講面子不現實，太講面子更不現實，最好能做到低調一點。

作為企業的經營者，如果你已經在面子上花了很大的成本，你就應該好好反思一下，權衡為了面子所獲得的收益和成本，是否能夠使企業獲得發展！

計程車拐進一條窄巷，然後停了下來，下了車便是一條下坡路，十米左右處並排立著兩個牌子，一個牌子標示著沃爾瑪中國總部，另一個牌子上面寫著停車收費的告示，兩旁是陳舊雜亂的住宅區。

電梯直接來到四樓沃爾瑪的櫃檯，右半側是會客室，外面是供應商等候區，很多供應商正忙著打電話或者填寫表格。再往裡面去是一連串被分成面積相等的隔間，那裡是沃爾瑪的採購經理們接見供應商的地方，走廊內堆著供應商所帶來的各種商品。每個隔間裡總有一面牆板張貼著沃爾瑪的十大原則，以及提醒員工不要收受賄賂的告示。沃爾瑪有實權的採購經理們全部集中在五樓辦公，六樓則是各種營運部門所在地。樓道內、電梯中、員工隔間的外面擋板上，到處張貼著沃爾瑪各種各樣的標語。五、六樓的裝修也特別簡單，粗粗細細的管道都露在外面。員工用的是最常見的廉價電腦桌，連老闆也不例外，有的連桌子邊上包的塑膠條都掉了，露出裡面的劣質三夾板。雖然你可能對沃爾瑪的節儉有所耳聞，但也絕對想像不到面前的景象。

已經六十歲的沃爾瑪亞洲區總裁鐘浩威，每次出差只乘坐經濟艙，購買打折機票。他有一個習慣，喜歡在乘機時問鄰座乘客的機票價格，如果發現比他購買的機票便宜，回到公司後，相關人員肯定會因此受到質詢。

沃爾瑪的砍價高手，是供應商公認最精明、最難纏的一批傢伙，但他們出差只能住便宜的旅舍。沃爾瑪的一位經理去美國總部開會，就被安排住在一所大學因暑期而空置的學生宿舍裡。

所有的人都在盯著沃爾瑪的龐大，沃爾瑪的IT，沃爾瑪對供應商的強勢。但卻很少有人注意到，沃爾瑪其實和中國本土的企業有著太多的共通性——都是出身草根，都是白手起家，都是勞動密集型，都沒有高科技外衣，都追求低成本。在我們想像中，作為一個全球巨頭的總經理，應該八面威風、氣勢逼人；作為一個地區總部，應該敞亮堂皇、坐擁繁華。可是，這樣的簡單、儉樸都不影響沃爾瑪成為一個全球巨頭，不影響它在人們心中的地位。

沃爾瑪向我們展示了具有世界影響力的企業是怎樣練就而成的。它告訴我們，優秀的公司不會因爲有點成就就沾沾自喜，而是堅持簡單、簡樸的企業文化，沒有豪華鋪張，沒有大講面子，同樣可以在世界零售市場上闖出自己的一番天地！

作爲一個企業的經營管理者，應該牢記：對企業來說，合適的就是最好的，不合適的，再貴重也僅是負擔。

有的企業高官買了輛好車，就覺得沒有司機不行；有了好車和司機，又發現出入一般的辦公大樓太不合自己的身分，便搬進了高級辦公大樓；然後又覺得自己的辦公室不能太寒酸，便備下了一間大辦公室，裡面的裝潢佈置，一切都要追求品味和檔次；之後，又開始覺得只有一輛車不夠……欲望總是無止境的，只因爲盲目的充面子，把企業的利潤消耗一空。這時候，引來的不是同情而是員工紛紛的怨言：「這些東西都是老闆從我們身上剝削來的。」供應商在誇你氣派的同時，心裡會說：「他們公司從我們這裡壓榨了這麼多的利潤。」當利益相關者對企業的行爲產生質疑時，問題就會進一步影響到企業的生存。

作爲一個企業的經營者，應該牢記：華而不實是企業的悲劇，實實在在經營才是真。

在商戰中，悲劇和喜劇不斷上演。很多悲劇的企業家，因爲種種原因而走向沒落，我們可能會爲他們扼腕！但是，企業家因爲華而不實、死要面子讓企業一同陪葬的，卻一點都不值得同情！

現實中一些企業高官很容易受到公關公司、裝潢公司、汽車銷售商的廣告誤導，這些人會一本正經地說，老闆就是企業的門面，如果你看起來不像一個企業老闆，你的公司就看起來不像一個大企業，那麼就不要困惑你們爲什麼不能夠出類拔萃，不要責備客戶不信任你們的產品，因爲企業老闆的外表就是告訴別人：「我的公司不尋求卓越，不追求品味。」此時，作爲一個企業的經營者，應該理直氣壯地告訴他們，不買他們的東西，一樣可以是一流企業、卓越的公司。你的當然注重形象，注重外表，員工形象氣質、打扮談吐就是很好的明證，即使在公司裡員工可能好幾個人共用一張辦公桌、一部電話。良好的企業形象是不需要用高消費來培養的！

不管是什麼樣的企業，都要實現利潤的不斷提高，競爭力的不斷增強，企業的可持續發展。實實在在地經營，踏踏實實地做事是必須做到的，任何虛榮都只能把企業導向錯誤的道路。即使虛榮能使企業風光一時，但企業並非只存在於一時，從長遠看，這是不明智的選擇。

一些企業創業之初篳路藍縷，再苦再累也毫無怨言，可謂艱苦創業。然而，一旦事業有成，便將當初的來之不易拋諸腦後，大擺闊氣，講面子，講排場，花錢如流水。這些企業爲了追求表面的風光，不惜血本，瘋狂造勢，完全不考慮成本和效益，最終企業破產，只好飲恨退出市場。

一九九五年秦池酒廠以六千六百六十六萬元得標。在當時，六千六百六十六萬元意味著三萬噸白酒，足以把豪華的梅地亞中心淹沒到半腰。

一九九六年梅地亞中心再次召開電視台廣告招標大會，廠長姬長孔說：「一九九五年，我們每天向電視臺開進一輛桑塔納，開出一輛奧迪；今年我們每天要開進一輛豪華賓士，爭取開出一輛加長林肯。」最後秦池以三點二億元成為「標王」。

那時的廣告投標就如脫韁的野馬，讓人無從駕馭，到了發熱、發狂甚至發瘋的地步。

一個外國記者問秦池總經理：「三點二億是怎麼算出來的？」他說：「這是我的手機號碼。」

秦池酒廠投資決策的隨興程度，由此可見一斑！三點二億元相當於一九九六年全年利潤的六十四倍！結果第二年秦池便一蹶不振，走到破產的邊緣。

盲目地攀比、一味地奢華，使得許多明星企業由盛轉衰、由強變弱，甚至消失得無影無蹤。「富不過三代」的宿命像咒語一般纏繞著許多企業，尤其是家族企業。

講排場、耍闊氣、愛擺譜，這樣的鋪張浪費只會增加企業的生產成本，讓企業背負沉重的債務，挫傷企業的市場競爭力。嚴重的有可能導致企業一蹶不振、瀕臨破產，多年的辛勞付之東流。因此，無論是企業的經營者還是一般員工，都應該在自己力所能及的範圍內戒除奢侈，宣導建立節儉的企業文化，以保持企業持久、健康和可持續發展。

聯想集團的辦公室十分簡樸，而且空間不是很大，除此之外，聯想每棟樓的清潔工以及相關後勤人員的數目限定在五人以下，以節省人力成本。但是這些並沒有阻止聯想集團成為世界級的知名企業。

「節儉」為聯想在這個微利時代贏得了不可企及的競爭優勢，使得聯想從一九八四年由十一名研發人員創立的規模，發展到二〇〇七年員工總數超過三萬人。這代表了節儉並不會丟面子，反而掙到了更大的「面子」。聯想是充滿智慧的。

節儉是中華民族的傳統美德，什麼時候都要保持。無論什麼行業、什麼時候，都應該立足艱苦奮鬥、勤儉節約，這兩項美德永遠是振興企業的清醒劑。

一個企業如果過度追求面子，最終只會淪爲虛榮和攀比的犧牲品，奢侈對於企業的長遠發展來說是致命的。消費者和員工絕不會認可企業這樣的做法，因爲企業不是單一的存在，而是一個利益相關體。沒有來自消費者的支援，產品和服務賣不出去；沒有來自員工的努力工作，企業無法正常營運。所以，企業的經營者應該做的是：帶領企業踏踏實實做實事，提高產品和服務的品質，提升品牌影響力。

祕密09 從日常開支中節約

俗語云：成由勤儉，敗由奢侈。勤儉之風一直是中華民族賴以維繫的生存之道，對於管理者來說，勤儉意味著成本的節省和利潤的增加，是衡量其成敗的關鍵。一個聰明的管理者要懂得在日常生活中壓縮開支。

管理既是一場人與人之間的對抗，亦是一場人與成本之間的博

弈。控制了成本，至少可以表明：你不是一個失敗的管理者。而成本的最小化，則會使管理者登上財富的巔峰，成為這場遊戲的終極贏家！

美航曾以「小氣」著稱，想盡一切辦法降低成本，節約一切可能的開支已經成為這家企業的習慣。

美航的飛機除了代表其標誌的紅、白、藍三色漆之外，幾乎不塗其他顏色的油漆，這不但降低了油漆消耗，還節省了大約每年一點二萬美元的燃油費。美航老闆有一次在飛機上用餐，發現航班上提供的食物量特別多，便將沒吃完的食物放入塑膠袋，交給航班上負責餐食的主管。隨後，他提出了一項政策：縮減晚飯份量！此舉減少了航班上的食物浪費，更使美航每年減少七萬美元不必要的開支。

頂級企業尚且如此，何況是其他中小企業呢？

任何一家公司恐怕都曾發生過這樣的現象：走進空無一人的辦公室，電燈和空調都開著；下班後，總有一些電腦是運轉著的；辦公設備稍微出現一點小問題，就叫來維修廠商，費用全部記在公司帳上；印表機附近的垃圾桶裡，總有因操作不當而丟棄的紙張；嶄新的簽字筆用完隨手亂放；總有人在興致勃勃地利用公司電話煲著電話粥……這樣的浪費現象處處可見，卻不可小覷。如果能將這些浪費現象杜絕掉，對於管理者來說，便是一筆不小的利潤！

企業生存如居家過日子，員工若不會精打細算，不能量入計出，不能開源節流、杜絕浪費，企業的利潤就無法增加。

而如果企業經營者欠缺成本意識，更會在無形中提高企業的經營成本。如果員工沒有成本意識，那麼對公共財物的損壞、浪費就會視若無睹，讓企業白白遭受損失，這樣自然就會使開支增加，成本提高。

日本一家機器製造廠的老闆發現，裝配工人在生產過程中，對一些剩餘的小零件總是不太珍惜，常常隨手丟棄，他多次提醒也不見效。

一天，老闆走到裝配區，將一袋硬幣拋向空中，嘩的一聲，硬幣四散滾落，散亂在廠房各個角落。然後便默不作聲地走回自己的辦公室。工人們見狀，莫名其妙，一邊撿拾散落在地上的硬幣一邊對老闆的古怪行為議論紛紛。

第二天，老闆把裝配工人召集起來開會：「當你們看到有人把錢撒得滿地都是時，便會表示疑惑。雖然都是硬幣，還是認為太浪費了，所以一一撿起。但平時你們卻習慣把螺母、螺栓以及其他零件丟在地上，從不撿起來。你們是否想過，在通貨膨脹嚴重的情況下，這些硬幣其實不怎麼值錢了，而你們所忽視的零件，卻一天比一天有價值。」

幾乎所有的員工在聽完老闆的話後，都幡然醒悟。從那以後，大家都不再亂丟零件了，這一點一滴的節約，也為公司創下了一筆小收益。

有些員工以爲，在一個大企業裡，只有自己一個人在做降低成本的事根本起不了多大作用，但這種看法正是錯誤之所在。

營利還是虧損，很可能就是因是否節約而決定的，很多時候沒有意義的開銷看起來只有微不足道的幾分錢，但長年累月眾多名目的支出，累積起來就是一筆很大的開支，要想更好地獲利必須節約，儘量減少不必要的開支。節約一分錢就等於挖掘一分利，一個具有節約意識的企業，在面對紛繁複雜的競爭和未來的不確定時，會具有更強的競爭力，更強的實力，更大的獲勝機率。

那麼，如何在日常開支中節約呢？首先，不要寄望於員工，不要幻想他們會良心發現，主動幫你節約，因爲這和他們的利益無關。其次，更不要企圖以個人力量去杜絕種種浪費行爲，因爲你不可能有十足的精力去控制公司的每一個角落。第三，許多靠人解決不了的問題，往往可以通過制度的設立來實現，任何細節都要制定規章制度，並且公布在最醒目的地方，讓員工嚴格遵守。

一、辦公物品管理細則

(1)辦公物品由專門的人員負責保管，定期發放至各部門。

(2)爲物品標價，讓每個人都建立起強烈的數字觀念，這是節省費用的重要步驟。

(3)小件物品的開銷由員工自己承擔。

(4)除正式文件外，所有紙張的正反面都必須充分使用，若沒有翻面使用，便要接受罰責。

(5)內部員工不准使用紙杯，若被發現，也要給予罰責。

(6)影印機、印表機、電腦一旦出現問題，要先想辦法自己解決，若公司內部人員無法解決，再請維修公司來協助。

(7)限制每個人的紙張使用量，減少紙張的消耗。

二、電話管理細則

(1)公司不負責任何人的手機購買事宜，若因職責需要，可以按照標準報銷手機費。

(2)公司桌上電話機只可撥打市話，若因工作需要撥打長途電話，必須經過特別申請。

(3)每月列出每部座機的話費明細，員工的私人電話以及未經申請的長途通信費皆由部門經理承擔。

(4)在員工內部培訓中，著重訓練員工打電話的技巧，即如何言簡意賅地將自己的意圖快速表達出來，減少不必要的通話時間。

(5)打電話時若對方正在與別人講話，則另約時間再打，或告知對方在適當的時候打回來，不要等待。

三、公務車管理細則

(1)嚴格控制每一部公務車的耗油量，若耗油量超過公司規定的標準，超出部分由司機承擔；反之，節省下來的油費將作爲獎勵發給司機。

(2)在指定的維修廠進行公務車維修。

(3)公司內部員工使用公務車所產生的費用都應包括在客戶的合約裡面。

(4)鼓勵員工搭乘大眾運輸工具。

(5)若因業務需要搭計程車，員工必需在二十四小時內將報銷單交給主管，由主管確定當日的行程屬實後，簽字報銷。

四、經費管理細則

(1)各項費用開支及報銷需嚴格遵守公司制定的流程，否則不予報銷。

（2）報銷單據要真實合法，完整填寫，且金額正確。

（3）原則上不允許員工預支公司款項，員工因業務需要向公司借用備用金時，需準確填寫《借款申請單》，且要在規定時間內銷帳；若有借款未還清，則不允許再借款。

（4）員工出差費用應據實以報，並應嚴格遵守公司制定的各項費用標準，超出部分由員工個人承擔。

五、水電管理細則

（1）相關部門對開源節流進行宣傳，並在公告欄貼出公告。

（2）在用水、用電的地方張貼標語，時刻提醒員工節水、節電。

（3）下班前十五分鐘就提前將空調（或風扇）關閉；下班後關閉所有電源。

當然，要想成為一個鐵腕管理者，光靠上述制度是不夠的，最重要的應該是讓員工意識到其中的利害關係。在執行制度之前，主管若將其中的利害關係告知所有員工，不但可以時刻提醒他們考慮自己的利益，同時也可在制度不能發揮作用的時候採取「以子之矛，攻子之盾」的策略，將被執行者的利益與團體的利益緊緊地拴在一起。這樣一來，管理者就不用再爲制度無法得到有效實施而發愁了。

在保證企業各項規章制度正常實施的同時，充分激發員工的積極性也是必不可少的。成本的節省並不是管理者一個人的事，任何一個員工都可以是公司的管家婆。

美國有一家企業名叫Food Lion（獅王食品有限公司，原名為Food Town），因陷入侵權糾紛而不得不更名。其中一名員工提出了一個極省錢的方案：T改為L，w改為i，i和o位置再進行交換，這名員工不但用最小的成本為公司更名，更實現了與國外母公司名稱的對接，同時還獲得十萬美金的獎勵，可謂一箭雙雕。

銷售冠軍固然是企業的楷模，但節省冠軍亦是佼佼者！團隊中的每個人都應該像個管家婆，在企業成長的每個細節中絞盡腦汁，不讓成本白白流走。

節約成本的過程中，有些員工可能會因爲損失的既得利益而對管理者產生反感，常常導致「上有政策，下有對策」。因此，如果不能充分讓員工自發地節省成本，管理的難度將難以估量。想到在你視線之外的任何時間、任何地點，都可能有人悄無聲息地掠走利潤，這是多麼可怕的事！

對於提出降低成本建議的員工，成熟企業大都有獎勵機制，這個機制就可以激發員工對於節約的積極性，形成一種「人人管事，人人節約」的態度，確保形成良性的節約氛圍。

祕密10

把錢花在刀口上

俗話說「小事精明，大事糊塗。」這句話若是放在對金錢的管理上，可說是一種錯誤的生活觀。在日常生活中，人們常常為了一兩塊錢勾心鬥角，盡情地展示著自己的精明，但在大筆金額的開支上，卻總是犯糊塗。許多企業也是如此，常常在一些瑣碎的枝節問題斤斤計較，但是對於資金的投入卻麻痺大意，結果白白浪費了許多資金。企業的經營管理者一定要將錢花在刀口上才行。

創業者要具有敏銳的判斷力，找出有價值的領域投入資金，創造最大的價值。下面這個故事就說明了一個企業想要營利，資金的投入起著至關重要的作用。

第二次世界大戰後的英國，食用油嚴重匱乏，因此當時的英國人很難吃得到煎魚和炸薯條。那時，有一位政府官員坐飛機視察過當時隸屬英國的非洲殖民地坦干伊喀，認為那是種花生最理想的地方。政府聽到他的建議，便與沖沖地投資六千萬美元，要在那片非洲灌木叢中開墾出一千三百萬公頃的土地種植花生。

可是英國人哪裡知道，當地的灌木堅硬無比，大部分的開荒設備一碰到這種灌木就會損壞，花了很大工夫才好不容易開墾出原計劃十分之一的土地。而且英國人在不知情的情況下除掉了一種能保持土壞養分的野草，失掉它就等於破壞了生態平衡，導致花生種子只要稍遲種下，光禿禿的新土就會被風刮走，或因烈日灼烤而喪失養分。

原計劃在這片新墾地上一年要生產六十萬噸花生，可是到頭來總共只收了九千噸。人們見勢不妙，又改種大豆、煙葉、棉花、向日葵等。可是在那「馴化」的非洲土地上，這些作物竟無一扎得下根。英國政府於一九六四年終止了此項計畫，損失八千多萬美元，每粒花生米的成本達一美元。

正是由於投入資金之前的疏忽，導致英國投資者付出了沉重的代價。可見企業在做出投入資金的決定前，慎重地進行市場考察分析是多麼的重要。

只有在投入資金前做好一切準備工作，對市場進行縝密的分析後，確保資金投入最具競爭力的地方，企業才會贏得利潤。肯德基炸雞店的成功就是因爲縝密的選擇了資金投放的重點。

美國肯德基炸雞打入中國市場的成功，很重要的一點就在於它對中國市場進行過充分的預測。通過預測，廣泛收集了相關資訊，並在此基礎上，進行了科學的決策。

肯德基特地派出了一位執行董事到中國進行市場考察，這位董事做了精心的調查和實測。首先，他在北京的幾個街道上，用碼錶測出人潮流量，大致估算出每日每條街道上的客流量。他還利用暑假期間，臨時找來一些經濟系的大學生作為臨時職員，在北京設置品嚐點，請不同年齡、不同職業的人免費品嚐肯德基炸雞。尤其是在北海公園這座皇家園林，利用風景秀麗、遊人眾多的特點，來廣泛徵求各種意見。他們詳細詢問試吃者對炸雞的味道、價格、店堂設計方面的意見。不僅如此，這位董事還對北京雞源、油、鹽及雞飼料行業進行了調查，並將樣品帶回美國，逐一化學分析，經電腦匯總得出「肯德基」打入北京市場將有巨大競爭力的結論。

一九八七年，美國肯德基炸雞在北京正式開業。他們靠著鮮嫩香酥的炸雞，一塵不染的餐具，純樸潔雅的美國鄉村風格店容，加上悅耳動聽的鋼琴曲，贏得了來往客人的聲聲讚許。肯德基炸雞店開張不到三百天，營利就高達兩百五十萬元。原計劃五年才能收回的投資，不到兩年就收回了。這一切成績，靠的就是肯德基在決策之前的良苦用心——設置品嚐點、徵詢眾人意見，以深入細緻的調查去開拓市場。

深入細緻的調查之後，肯德基才決定將資金投出，最後換來了成功。

俗話說得好：「把錢花在刀口上。」只有把錢真正用在最具有競爭力的地方，才能夠使資金成爲一把越來越鋒利的快刀，幫助企業在發展之路上披荊斬棘、勇往直前。實力強大、資金雄厚不是一個企業可以跨入任何行業的理由，盲目地將資金投入到陌生的領域，脫離主業，資金最終很可能打了水漂，嚴重損害企業的競爭力。

面對越來越激烈的競爭，現在很多企業採取多元化的經營策略。而所謂「多元化」，是相對於專業化而言，同時經營兩種或兩種以上的產品或服務。而多元化經營（Diversification Strategy），也稱多樣化經營或多角化經營，指的是企業爲了獲得最大的經濟效益和長期穩定經營，兼營兩種以上基本經濟用途不同的產品或勞務，來豐富產品組合結構的經營模式或發展策略。

企業採取多元化分散經營帶來的主要優點有：

一、經濟效益的擴大。一般來說，聯合生產的成本小於單獨生產成本之和。還有，企業多項業務可以共用企業的資源，例如，在原物料方面，可以利用與原有供應商的合作；在銷售方面，可以利用既有的顧客認知來節省廣告開支。

二、分散企業經營風險。多元化經營非常重要的目的就是通過減少企業利潤的波動來達到分散風險的目的。基於此目的，企業能夠避免經營範圍單一造成企業過於依賴某一市場易產生波動的弱點。使企業在遭受某一產品或經營領域的挫折時，通過在其他產品或行業的經營成功而彌補虧損，從而提高企業的抗風險能力。

企業採取多元化分散經營帶來的主要缺點有：

一、企業資源分散，任何一個企業就算規模再大，所擁有的資源也總是有限的。多元化發展必定導致企業將有限的資源分散到每一個欲發展的業務領域，從而使每個領域都難以得到充足的支援。此時若遇到專業化經營的對手，就會在競爭中失去優勢。

二、運作費用提高。多元化策略的不恰當實施：一方面，從一個經營領域到另一個經營領域發展，從投入資源、開始經營到產出效益，這中間有一個艱難，甚至是漫長的過程，企業要摒棄已經熟悉的一切，而從頭學習技術、生產、市場行銷、管理運作和環境協調等，這個過程將會產生很多額外的費用，而最終影響其效益。另一方面，企業從一個領域跳到另一個毫無關聯的領域從事經營，可能要花費巨大的成本才能贏得客戶的認知。

若將多元化的優缺點和實際生產中企業的表現相比，隨著企業規模越大，企圖在很多領域分一杯羹的盲目多元化，使企業掉入了陷阱，非但沒有最大化企業資金的效益，反而拖累了現有的競爭優勢，最後成爲一個沉重的負擔。

法國威望迪集團已有一百五十多年歷史，員工達二十七萬，營業額高達兩百九十一億歐元，目前位於世界五百強中的第五十一位。法國通用水務公司在一九九八年改名威望迪，並與加拿大的施格蘭公司合併後，又改為威望迪環球。從此威望迪環球成為全球第二大的傳媒公司，旗下設有八大集團。

二〇〇〇年威望迪集團以環境公共事業全球第一大公司的身份兼併美加西格拉姆公司（SEAGRAM），並進行重組後，威望迪環球集團得以誕生。威望迪環球的兩個核心業務——環境公共事業、傳媒通訊，是威望迪集團的主要業務內容。

但業務領域的擴展並沒有為威望迪集團帶來更多的優勢，因為在進入集團不熟悉的傳媒領域之後，雖然在世界傳媒行業規模屬於前十，利潤卻大大低於以前的核心業務——環境公共事業。最後，威望迪集團只好出脫傳媒這業務，回到原本的核心業務。

企業經營者在對待企業投資時，一樣要認真工作，認真研究，把資金投入到更具競爭力的地方去。培育企業核心競爭能力的過程，在激烈的市場競爭中，如何才能識別具有競爭力的地方，以保持長期穩定的競爭優勢呢？準確的定位是關鍵，應該對現有資源和競爭力，及其在市場中的價值加以考察，進而確認企業的核心競爭力。

定位投資的標準有三個：

一、具備顧客認可的價値。任何企業都是爲顧客提供產品和服務的，若未得到顧客的認可，那麼所有的投資不管大小都是徒勞。

二、選擇符合自身專業和核心能力的領域，這些領域必須具有競爭對手難以模仿的獨特性。但是核心能力的建立絕不是一勞永逸的，核心競爭力在培育應用之後也不是就萬事大吉了，企業外部經營環境的動盪決定了核心競爭力的時間性（動態性），原有的核心競爭力可能會退化成一般的能力，而逐漸喪失競爭優勢，因而企業必須時時關注企業核心能力的發展演變，並不斷推進更新。如IBM依靠自己強大的銷售能力所提供的市場容量，在軟體和電腦系統結構方面建立了明顯的競爭優勢。但隨著市場競爭的日益激烈，這種優勢逐漸減弱，以至於不得不制定新的策略來發展和更新核心競爭力。

三、選擇具有未來成長性的領域。這要求企業的經營管理者具備前瞻性的眼光，認真分析企業面臨的內外部環境，作出決策。只有跟上了時代的大趨勢，企業才能順風順水，獲得快速的發展。

祕密11
改善企業人力成本提高企業獲利能力

「二十一世紀什麼最貴？人才。」從這句電影臺詞來看，人力資源對於企業的重要性可見一斑。也由於人力資源的重要性，企業花在人力資源上的成本也日益攀升，越來越成為企業的一大成本。如何改善企業的成本，提業獲利能力，也越來越值得經營者關注。

當今世界已進入了知識經濟時代，人力資源成爲社會最寶貴的財富之一。著名的經濟學家舒爾茨認爲，人力資本是促進現代經濟增長的第一位因素。他指出，在美國一九〇九至一九二九年間，物力資本對經濟增長的貢獻幾乎是學校教育對經濟增長貢獻的兩倍，但在一九二九至一九五七年間學校教育的貢獻卻超過物力資本。現代企業之所以還保持對勞動力的需要，已經不在於它是一種傳統意義上的生產要素，而在於它是一種貢獻越來越大的人力資本載體。如果說傳統企業是資本在支配勞動力，那麼在現代企業則應當是勞動力（特別是知識勞動力）在管理與支配資本。

什麼是人力資源成本呢？人力資源成本是指組織爲取得或重置人力資源而發生的成本，包括人力資源的取得成本（歷史成本）和人力資源的重置成本。

人力資源成本是企業構建和實施人力資源管理體系過程中的所有資源投入。人力資源管理把「人」視爲一種資源，通過培訓等手段使其經驗和價值得到增值，從而帶給企業預期的回報和效益。人力資源成本按照其管理過程由六個部分組成：人力資源管理體系構建成本；人力資源引進成本；人力資源培訓成本；人力資源評價成本；人力資源服務成本；人力資源遣散成本。

具體解釋如下：

一、人力資源管理體系構建成本是指企業設計、規劃和改善人力資源管理體系所消耗的資源總和，包括設計和規劃人員的工資、對外諮詢費、資料費、培訓費、差旅費等。

二、人力資源引進成本是指企業從外部獲得人力資源管理體系要求的人力資源所消耗的資源總和，包括人員的招聘費用（廣告費、設攤費、面試費、資料費、仲介費等）、選拔費用（面談、測試、體檢等）、錄用及安置費（錄取手續及調動補償費等）。

三、人力資源培訓成本是指企業對員工進行培訓所消耗的資源總和，以達到人力資源管理體系所要求的標準（如工作崗位要求、工作技能要求等），包括員工教育費用、在職培訓及脫產學習費用等。

四、人力資源評價成本指企業對所使用的人力資源進行考核和評估所消耗的資源總和，包括考核和評估人員工資、對外諮詢費、其他考核和評估費用等。

五、人力資源服務成本指企業對所使用的人力資源提供後勤服務消耗的資源總和，包括交通費、辦證費、文具費、醫療費、辦公費用、保險費等。

六、人力資源遣散成本指對不合格的人力資源進行遣散所消耗的資源總和，包括遣散費、訴訟費、遣散造成的損失費等。

下面是一個改善人力成本小組如何進行工作的具體例子：

史尼卡儀器公司是一家家用電器製造廠，生產機電和電器控制產品。該公司坐落在紐約北部，它是一家位於加拿大多倫多的北美控制器有限公司的子公司。史尼卡儀器公司有職工九百人，其中七百五十五人是計時工人，一百二十五人拿免稅或非免稅固定工資。

由於史尼卡公司的工作效率低、經營成本高，生產經理豪德決定制訂能夠降低人力成本的方案。豪德過去曾任北美控制器在多倫多市某一經營部門的製造經理，於一九七八年九月調到史尼卡公司。他在北美控制器曾成功地參與職工計畫，因此很希望能在史尼卡公司也建立一套相似的計畫，於是他聘請了一些管理專家做他的助手。

豪德和他的高級助手舉行了一個預備會議後，顧問們建議進行形勢分析，以搜集保證方案成功所需要的資訊，並確定這一成本降低計畫在史尼卡內是否實際可行。然後成立一個高級專案委員會以配合顧問們的工作，將來這個委員會就變成降低成本的指導小組。這個委員會開始與顧問們一起開會，決定那些資料有必要收集，以及使用哪些方法來收集這些資料。所需要的資料須經數種方法進行搜集：個別觀察、個別談話、過去的記錄和統計分析、品質控制分析、管理決算與組織審計。透過分析找出降低成本的主要目標範圍，估算與職工有關的企業組織和管理目前的狀態。

這項研究結果證實了管理階層的想法，即拿固定薪水的職工態度積極，贊成改革，但普通職工是否支持則令人擔心，主要問題是職工對管理部門講的話不信任。

於是，豪德和他的高級助手們決定，在著手實行計畫初期，要把參加降低成本小組的人員範圍限制在管理部門、監督部門和其他有固定薪水的人員。

顧問們和專案委員會的委員們一起工作，修改了試行後的降低成本總計畫，使其符合史尼卡公司的具體情況。然後他們確定，一九七九會計年度的成本降低目標為六十萬美元，同時還制訂了詳細的激勵和溝通計畫。

到一九七九年底，史尼卡公司不僅達到了降低成本六十萬美元的計畫目標，而且還多降低了十五萬美元，總成本降低額達到七十五萬美元。這項計畫在一九八〇年繼續進行，並獲得進一步的擴大。

史尼卡公司對於員工的有效培訓提高了員工的工作效率，公司的生產率大大提高，營利能力也大大提高了。而員工工資卻沒有降低，換句話說就是改善了人力成本。

企業經營管理者往往有一個盲點——企業的人力成本常常被認爲是工資或是工資福利等的支出，其實不然。

一、人力成本不等於工資。人力成本是指企業在一定的時期內，在生產、經營和提供勞務活動中，因使用勞動者而支付的所有直接費用與間接費用的總和。如果企業給員工支付一千元的工資，那麼人力成本絕不會是這直接的一千元，還有其他的間接費用。

二、人力成本不等於工資總額。有人說，既然工資不等於人力成本，那是不是工資總額就等於人力成本呢?當然不是。人力成本包括工資總額、社會保險費用、福利費用、教育經費、住房費用以及其他人工成本。

三、人力成本不等於使用成本。從人力資源的分類來看，人力成本可分爲獲得成本、使用成本、開發成本、離職成本，可見「使用成本」只是人力成本的一部分而已。有人常把人力成本管控當成勞資雙方的「零和博弈」，其實不然。

從以上的分析中我們懂得，人力成本改善可以用以下三個不等式表述：

改善人力成本≠減少人力成本；

改善人力成本≠減少員工收入；

職工收入較高≠人力成本很高。

簡單來講，人力成本的改善不是要減少人力成本的絕對值，因爲絕對值必然隨社會的進步逐步提高。因此，對人力成本的改善是要降低人力成本在總體成本中的比重，增強產品或服務的競爭力；要降低人力成本在銷售收入中的比重，增強員工成本的支付能力；要降低人力成本在企業利益中的比重，即降低勞動分配率，增強人力資源的開發能力。只有這樣，才能有效改善人力成本，提高企業獲利能力。

有效的改善人力成本措施，企業必將大幅度地提高獲利能力。以下可供您參考：

一、建立高效的人力資源管理體系。

二、提高人力資源引進的品質，以最少的花費招攬最能創造效益的人才。

三、爲管理者和員工提供良好的培訓條件，提高其工作效率。

四、對人力資源的考核評估要做到公開、公正、公平，實現評估結果能有效地對管理層和員工進行激勵。

五、保證對人力資源後勤服務的充裕支援，包括交通費、辦證費、文具費、醫療費、辦公費用、保險費等，只有優厚的服務才能保持管理階層和員工對公司的忠誠，才能創造更大的收益。

六、做好人力退出公司後的補給安排，以此減少相關人員跳槽對公司造成的衝擊和損失。

祕密12 精簡機構，讓組織「扁平化」

湯瑪斯．弗雷德曼在他那本風靡全球的著作《世界是平的》中談道：「我們坐在螢幕前就可以和紐約、倫敦、波士頓、三藩市的合作夥伴一起進行即時對話……我們發現世界正在變得扁平……」

如今，「扁平化」已經成為所有商界人士關注的熱點。

很多企業都存在人浮於事的情況。組織臃腫，事情卻沒人去做，因爲職責沒有明確或清楚界定。一件事情既可以張三去做，也可能李四去做，如果張三責任心強，那麼張三就會做了，否則有可能兩個人互相推諉，工作被拖遝延誤。這種情況所產生的後果可大可小，如果整個企業都是這種氣氛，問題就很大了。對外來說，這樣下去執行力很差，企業缺乏競爭能力，丟失客戶是很自然的事情，此後企業是否能永續經營恐怕也沒有什麼把握。對內來說，這麼多無效率的人，侵蝕了大量的公司資金，公司要爲其付工資，買福利和支付種種費用。所以說組織扁平化管理，是大中型企業領導者的夢想，因爲規模擴大機構膨脹的必然結果，就是管理層級增加，資訊傳遞失真，決策鏈加長，組織效率自然大打折扣，管理成本也會大大增加。

自工業革命以來，英國經濟學家亞當．斯密的勞動分工理論幾乎一直是傳統西方企業組織結構設計的核心。這種組織形式，以提高勞動生產率爲目標，特別強調分工，其組織結構形式從縱向看，是一個等級分明的權力金字塔，組織被劃分爲若干層次，處在金字塔頂的高層管理人員通過管理的「等級鏈」控制著整個組織；從橫向看，組織被分解爲若干個並列部門，每一個部門負責一個專門的工作，按照部門的職能各司其職，各自獨立。

一九九〇年代以來，西方企業面臨的經營環境也發生了巨大變化，多層次的金字塔形組織已顯得笨重、遲緩而缺乏靈活性和人情味。而扁平化組織則是組織模式的根本性改變，通過減少管理層次、壓縮職能機構、裁減冗餘人員，建立企業縱橫向都比較緊湊的扁平化結構，使得組織變得靈活、敏捷、快速、高效，從而使企業在變化莫測的市場經濟競爭中立於不敗之地。正如著名領導力與企業文化專家約翰·科特所評價的那樣：「有一個平坦層次結構的組織，比一個層次臃腫的組織更有利於競爭。」

在新的經濟時代，面對不斷變化的外部環境，高聳型、多層次的企業組織已無法應對，只有減少管理層次，壓縮職能結構，建立一種緊湊而富有彈性的新型扁平化組織，才能加快決策速度，提高企業對市場的快速反應能力，促進組織內部全方位運轉。惠普的案例就是一個很好的說明。

惠普是美國矽谷最早的創業公司之一，也是世界上主要的電腦設計和製造商，在鐳射列印和噴墨印表機方面居世界領先地位。自一九九〇年代以來，一直保持著高速的增長趨勢。

惠普的企業文化核心之一，就是「鼓勵靈活性和創造新精神」，而惠普的橫向組織結構就是為員工們充分發揮創新精神的有力保證。

在公司發展過程中，惠普起初採取分權的橫向組織結構，並獲得了很大發展。分權的橫向組織結構是：企業組織按產品劃分為十七個大類，每個產品部門都有一個屬於自己的研究開發部門，各個產品部門都擁有獨立運作的自主權。這種組織模式在惠普發展過程中一度發揮了重要的作用，使產品創新速度得到了提升。

但是隨著企業的發展，這種組織結構形式造成各部門各自爭取顧客，浪費公司資源，使整體策略定位變得模糊。

針對這種情況，惠普提出全面客戶服務模式，將所有的組織重組，把眾多的部門打散重新整合在一起，按照客戶種類和需求進行劃分。重組後的組織機構將研發部門分為三大部門，分別是與電腦和設備相關的計算系統部、與影像處理及列印相關的圖像及列印系統部、與資訊終端有關的電子產品部。由於重新劃分的組織機構中，很多業務部門間實現了資源分享，技術力量因為集中而得以加強，組織內部由於建立了有效的橫向系統，而實現了緊密聯繫，優勢倍增。

在市場經濟環境下，企業的目標是追求收入的最大化，同時將成本降至最低點。它的實現需要相當高的生產率，必須把效率放在第一位。

一個組織結構，能以最小的失誤或代價來實現目的，就是高效率。也就是說以最小的投入獲得最大的產出，或者說在投入一定的情況下使產出最大，或在產出一定的情況下使投入最小。

管理者一定要以客戶和利潤爲導向考核，並以此作爲選人標準，若團隊找不到合適的人，寧願合併或直接去掉這些部門。所以這裡強調的重點是，假設一個部門不能創造利潤，不能帶來價值，你就不要等待拖延，要快速決斷，馬上去掉，這也是你縮減結構的最佳時機。一旦縮減，就能爲你節流；不縮減它，它就會成爲你的漏洞，然後一直失血，造成企業最後癱瘓。

管理者應該本著精兵簡政的原則，對企業多餘的機構、多餘的人毫不手軟的砍掉。這樣的結果不僅僅是企業減少了成本的支出，對被砍掉的人而言，同樣也是減少潛能未被充分開發而造成浪費。那麼到底多了多少人？誰是那多餘的人呢？這就要求管理者從工作分析入手，因事定編，因事定人。要搞清楚做好每件事情所需要的時間和人員數，每件事情都有合適的人做，每個人都應該有著與他工作潛能及法定工作時間相對應的任務量。

原MCI電信公司總裁麥高文每隔半年便召集新聘用的經理開會，在會議上他總會說：「我知道你們當中有些人從商學院畢業，而且已經開始在繪製組織結構一覽表，還為各種工作流程撰寫了指導手冊。我一旦發現誰這麼做，就立即把他解雇。」

每次開會的時候，麥高文都會明確表達一個觀點：每一位員工包括高級管理人員都不要為了工作而相互製造更多的工作。恰恰相反，他會鼓勵每個人對每個工作崗位及每個管理層次提出質疑，看看它是不是真的需要被設立。比如，兩個管理層次是否可以合併？每個職務的價值是否超過它的費用？這個職位的存在是否正製造不需要的工作，而不是對生產有益？如果回答為「是」，那就合併或精簡它。

麥高文深深懂得一個道理，那就是公司每增加一個管理層，就是把處在最底層與處在最高層人員間的交流隔開了一層，所以MCI公司力求避免這種情況。由於精簡了管理層次，MCI上上下下溝通暢捷、有效，每個人都在努力地做最有價值的工作，因而整個公司變得富有生氣和積極性，效率大大提高。

其實，不僅僅是MCI公司，其他一些管理完善、極富效率的優秀公司也都曾爲此努力過，它們的特點大都是人員精幹、管理層次少。比如，愛默生公司、施倫伯格公司、達納公司的年營業額都在三至六億美元之間，而每個公司總部的員工都不超過一百人。這些公司都明白，只要安排得當，五個層次的管理當然要比十五個層次的管理要好。

簡化管理層次，鼓勵人們減少不必要的工作，是優化管理的核心。一般來講，企業規模越大，管理層次越多；在業務一定的情況下，管理層次越多，所需人員越多，企業運行成本越高。所以，在企業能正常行使管理職能的前提下，管理層次越少越好。

管理層次減少就是扁平化的組織結構，這種結構具有更多的優越性，主要體現在以下四個方面：

一、有利於決策和管理效率的提高。管理層次越少，高層領導者和管理人員之間溝通相對緊密，工作視野比較寬廣、直觀，容易把握市場經營機會，使管理決策快速準確。

二、有利於組織體制精簡高效。減少管理層次必然要精簡機構，特別是一些不適應市場要求、能被電腦簡化或替代的部門與崗位。

三、有利於管理人才的培養。組織層次減少，一般管理人員的業務許可權和責任必然放大，可以激發下屬的工作積極性、主動性和創造性，增強使命感和責任感；也有利於培養下屬獨立自主開展工作的能力，造就一大批管理人才。

四、有利於節約管理費用。管理層次減少，人員精簡，加上發揮電腦輔助與替代功能，實現辦公無紙化、資訊傳輸與處理網路化，可以大幅減少辦公費用及其他管理費用。

該怎麼做到精簡機構，讓組織「扁平化」，接下來我們看一看有哪些需要做的。

一、要巨人不要侏儒

機構臃腫主要來自於三個障礙：第一個障礙就是盲目擴大，動不動就增加人手。第二個是沒有招聘到優秀、能夠獨當一面的員工。在招聘員工的過程當中，始終用侏儒政策，總是在找低於自己水準的人，所以人員素質越來越低。第三個障礙是沒有通過績效量化，最關鍵的因素就是對員工、對團隊沒有形成利潤中心、價值中心，這樣一來，人多了就會形成惡性循環。

二、砍掉專職的副總

創業者應該現在就揮起刀來，大刀向臃腫的結構砍去。儘量讓企業的組織扁平化。扁平到什麼程度？把你的組織砍到地平線！總經理下來不要有副總！如果需要有副總，讓部門經理來兼職。換個說法就是，與其專門雇用或提升一個人做副總，不如再給你的部門經理一個大頭銜，這樣表現出色的部門經理得到了個人滿足，名義上得到了升遷，也給了其他管理人員努力的方向。同時，這樣的副總更加熟悉他所負責的那一塊業務，也做到了更貼近現實。不要吝惜頭銜，多給努力的員工好頭銜，他們會很賣力。

三、把所有經理的椅子靠背鋸掉

「上級不安排工作，下級就坐著等；上級不指示，下級就不執行；上級不詢問，下級就不彙報；上級不檢查，下級就拖著辦。多做事情多吃虧，出了問題找藉口，聽從指示沒有錯，再大責任可分擔。」若是很多工作都要在多次檢查和催辦下才完成，就會造成極大的浪費。出現這樣的問題，管理者要負百分之百的責任。你的企業如果這樣，可說已經已經危在旦夕。

美國惠普公司推行「周遊式管理辦法」，鼓勵部門負責人深入基層，直接接觸廣大職工。為此目的，惠普的辦公室佈局採用美國少見的「敞開式大房間」，即全體人員都在一間敞開式的大辦公室裡辦公，無論哪個層級的主管，都不設單獨的辦公室，沒有特例。這樣既節省了辦公空間，又有利於創造無拘束的合作環境，少了大機構和官僚的作風。

四、清空你的辦公室

方法一，就是讓行政部門每個人的工作內容都可互相代理，任何一位行政人員都要熟悉其他行政人員的工作，而不是非他不可，堅決杜絕「這事只有A知道」、「負責人不在，我不清楚」這樣的回答。

方法二，做好標準化流程，讓員工在不需要行政人員的說明下，也能簡單完成許多事情。比如，倉庫管理人在架上載明地址，庫存數量，讓哪怕是新人也能馬上知道東西放在什麼位置，不需要再去請教倉管人員。

方法三，培養行政人員的市場意識，讓他們到現場去。有時候，到現場去看一看，比廢寢忘食地研究過去的資料，在紙上找答案，來得更準確、更簡單。

方法四，試著抽調行政部門的優秀人才到其他地方去，讓行政部門其他人員頂替上，不斷做到人員精簡化。

五、瘦身是一場大革命

在歷史上有一個詞叫「削藩」，就是皇帝要把底下分封諸侯的權力廢除，讓國家機構扁平化，最終達到中央集權。然而，這樣的鬥爭一直是殘酷而激烈的，漢景帝削藩引發「七國之亂」，差點不可收拾；明朝的建文帝削藩，招來「靖難之役」，把自己的位子和性命搭了進去；康熙皇帝削藩，導致「三藩之亂」，內戰打得不可開交。所以，在瘦身的時候，如何平衡好各方面的利益關係，保證在你動刀的時候，不會有人揮刀反擊是很重要的。大型企業都會經歷瘦身戰爭，為了避開痛苦，他們必須從財務和資訊系統管理的機制方面展開全面的「削藩」運動。

六、精簡結構要巧借外力

公司加強對下屬業務的控制，途徑可以是策略、財務、人力資源的集中控制，也可能是業務重組以及職能管理的整合，甚至是直接的人員調整。

管理者想達到「扁平化管理」的目的過於明顯，最危險的做法是斷然宣佈新的組織架構和人員任命。直接削減下屬權力的後果，有可能會激化企業內部的矛盾，甚至天下大亂，這樣的辦法不可取。

在這種情況下，公司應該考慮另外一個工具——流程的變革。就是在過程中，引入客戶導向、利潤導向的理念，轉移衝突焦點，為業務重組提供理論依據，以規避風險。通過流程變革，實現責任、權力、利益的再分配和平穩過渡。始終牢記一定以客戶爲導向，以利潤爲導向，來考核各部門，並以此標準篩選企業結構。

祕密13

最大的成本是時間成本，避免不必要的時間浪費

著名管理大師杜拉克說過：「不能管理時間，便什麼也不能管理。」現代社會是一個講究效能的時代，最大的成本是時間成本，因此企業要避免不必要的時間浪費。對於創業者或經營者本人來說，也是如此。

浪費時間是生命中最大的錯誤，也是最具毀滅性的力量。大量的機遇就蘊含在點點滴滴的時間之中，浪費時間能毀滅一個人的希望和雄心！它往往是絕望的開始，也是幸福生活的扼殺者。時間的增值效用在經濟領域體現得最爲明顯，以分秒來計算。所以，每個創業者都要學會管理好自己的時間，我們無法阻止時間的流逝，但我們可以利用時間，真正做到節約每一分鐘，讓每一分鐘都發揮最大的效益。

在美國近代企業界裡，與人接洽生意能以最少時間產生最大效率的人，非金融大王摩根莫屬。摩根每天上午九點三十分準時進入辦公室，下午五點回家。除了與生意上有特別關係的人商談外，他與人談話絕不超過五分鐘。

通常，摩根總是在一間很大的辦公室裡，與許多員工一起工作，他不是一個人待在房間裡工作。摩根會隨時指揮他手下的員工，讓大家按照他的計畫去行事。員工走進他那間大辦公室是很容易見到他的，但如果沒有重要的事情，他也絕對不會歡迎任何人。

摩根能夠輕易地判斷出一個人來接洽的到底是什麼事。與他談話時，一切轉彎抹角的方法都會失去效力，他能夠立刻判斷來人的真實意圖，這種卓越的判斷力使摩根節省了許多寶貴的時間。有些人本來就沒有什麼重要事情需要接洽，只是想找個人聊天，摩根對這種人簡直是恨之入骨。

有人對摩根的資本進行了計算後說，他每分鐘的收入是二十美元，但摩根說好像不止這些。從摩根身上我們看到，節約時間就是在為自己賺錢。

推及公司層面，能否對時間進行有效的管理，直接關係到公司與自身效率的高低。時間是有限的，不合理地使用時間，計畫再好、目標再高、能力再強，也不會產生好的效果。浪費時間就等於浪費公司的金錢。

可見，要想爲公司、爲自己賺更多的錢，就必須養成守時的習慣，按時完成任務，改變對時間漠視的態度。經營者應該主動地把握時間、規劃時間、管理時間，讓有限的時間發揮更大的效用。

時間管理（Time Management）就是用技巧、技術和工具幫助人們完成工作，實現目標。時間管理並不是要把所有事情做完，而是更有效的運用時間。時間管理的目的除了要決定你該做些什麼事情之外，另一個很重要的目的也是決定什麼事情不應該做。時間管理不是完全的掌控，而是降低變動性。時間管理最重要的功能是透過事先的規劃，作爲一種提醒與指引。

時間管理主要包括四個方面的內容：

一、掌握工作的關鍵

公司的管理者儘管任務和責任不盡相同，但管理活動卻是一致的，可簡單歸結爲三點：即掌握關鍵工作，掌握關鍵人物，掌握關鍵活動。發展目標能否實現的重點不在於每個環節、每個步驟，而在於制約性因素。制約性因素往往體現在關鍵工作，關鍵人物和關鍵活動上，抓住了這三個關鍵，管理者也就解決了制約性因素。

所謂「大智有所不慮，大巧有所不爲」，之所以成爲大智大巧者，在於能夠揚其長而避其短。管理者無論職位、社會地位、學術水準高低，都是普通勞動者，不可能是全能的，也不需要面面俱到。因此，只要掌握了關鍵也就抓住了時間管理的要訣。具體地說，出現重要而且緊急的事情時，管理者應首先進行處理，但要避免成爲工作常規，應保證管理者的大部分時間花在重要而不緊急的事情上。管理者專注於處理重要的事情，就代表他掌握了影響整個部門乃至整個公司的關鍵，若把主要精力放在不緊急的事情上，則意味著未雨綢繆，防患於未然。

二、簡化工作流程

工作流程越簡化，越不容易出問題，人員在工作執行過程中也會越加細緻，執行效果越好。同時，簡化流程有利於解決公司中出現公文會議過多的現象，不該發的文不發，不該開的會不開，提高行文和會議效率，降低管理成本。就開會而言，會前必須明定會議的目的是分享資訊、辯論還是決策，決策性的會議應該在會前幾天就將相關資料分發給與會者，讓與會者儘早熟悉會議內容並有足夠的考慮時間，以提高決策的品質和速度，避免會議時間浪費在討論上卻做不出任何科學決策。

三、合理安排工作時間

應該做好每天、每週、每月以及每年的工作計畫，列出每一時間單位內應該完成的工作，排出優先次序，突出重點並確認完成時間，且適當安排「不被干擾」的時間。公司管理者常常需要整塊的時間去思考一些重要決策或完成重要的任務，在進行這些任務的過程中，不能被外界打斷，否則重新進入深度思考與完全工作狀態往往需要更長的時間。管理者集中時間不受干擾地處理一些重大事項而把其他事情都推到一邊，可能會給部門甚至整個公司帶來一些意想不到的麻煩，但如果能有足夠必要的時間，不受干擾地從事至關重要的工作，那麼這些可能的麻煩將是微不足道的。

四、合理授權

任何一位公司管理者都不可能獨自完成所有工作，也不可能獨自對所有的事情做出科學決策，因此將一些事情指派或授權給別人，讓其他人分擔工作，是提高時間使用效率的有效方式之一。列出工作中所有可以授權的事項，並授權予適當的人來決策和執行，會提高整個公司的管理效率。管理者的授權必須充分，同時必須重視監督和檢驗，保證被授權者的行爲符合公司的整體利益。

在授權過程中，管理者應避免把別人當成干擾者的傾向，否則可能會出現控制他人的欲望，要求被授權者按照要求做事，使授權行爲的效果適得其反。在授權中必須要克服拖延的陋習，推行「限時完成」的理念。辦事拖延是浪費時間的重要原因之一，因此，嚴格規定每一件事情的完成期限，並要求被授權者在限定時間內報告處理結果，授權效果會更爲有效。

那麼如何才能實現高效的時間管理呢？

一、條理化地工作

美國管理學博士藍斯登在其《有效的管理》一書中寫道：「我讚美徹底和有條理的工作方式。一旦在某些事情上投入了心血，就可減少重複，開啓更好的工作任務之門。」有句諺語說得好：「喜歡條理吧，它能保護你的時間和精力。」

西方一些「支配時間專家」，爲人們的時間提出許多合理化的支配建議，其中有一條就是「整齊就是效率」。他們比喻：木工師傅的箱子裡，各種工具排列有序，不同長度的釘子分別放好，使用起來隨手可得。每次收工時把工具放回固定的位置，和把工具胡亂丟進箱子裡所費時間相差無幾，而效果卻大不一樣。

二、培養重點思維

博恩·崔西博士認爲，如果你能夠將自己的努力始終集中在你的目標和最重要的事情上面，堅持在一定時期內做好一件事，就沒有什麼東西能夠阻止你了。重點問題突破，是高效能人士思考的習慣之一，如果一個人沒有進行重點思考，就等於無主攻目標，做事的效率自然十分低下。相反，如果他抓住了主要矛盾，解決問題就變得容易多了。

三、及時改正錯誤

一名高效能人士善於從批評中獲得進步的動力。批評通常分爲兩類，有價值的評價和無理的責難。不管怎樣，坦然面對批評，並且從中找尋有價值、可參考的成分，進而學習、改進，你將獲得意想不到的成功。善於分辨事物的好壞，哪些是有利於工作的，哪些是不利的，並擺脫不利因素的影響，朝著正確的目標前進。

四、分辨事物的好壞

亨瑞．杜哈提說，不論他出多少錢的薪水，都不可能找到一個具有兩種能力的人。這兩種能力是：第一，能思考；第二，能按事情的重要程度來做事。因此在工作中，如果我們不能選擇正確的事情去做，那麼唯一正確的事情就是停止手頭上的事情，直到發現正確的事情爲止。處理問題的順序是：重要工作優先處理，一般工作隨時處理，可辦可不辦的工作暫緩處理，緊急事情立即處理。

五、善於自我管理

一心一意地專注於自己的工作，是每一位職業人士獲取成功不可或缺的品質。當你能夠專注地做每一件事時，成功也就指日可待了。傑克．韋爾奇認爲，一名高效能人士應該具備出色的自我管理能力，一個連自己都管理不了的人，是無法勝任任何工作職位的，當然，最終他也不會成爲高效率的工作者。

六、隨時做記錄

記錄是那樣的重要，幾乎絕大多數人類的智慧都在各種不同的

記錄中。因此，任何想成長的個人和組織，都必須認真地對待記錄——那不僅是對「這一次」的歸納，更是對「下一次」的演繹。

七、及時進行總結

同一批新人，在最初的幾年裡，他們所做的事情可能沒有什麼太大的區別，他們的經歷有著很多相似之處，但是爲什麼在後來的日子裡他們具有了不同的能力呢？這就是——他們從相同或相近的經歷中總結出了不同的東西。那些能夠從自己的經歷、經驗中總結出富有價值的規律的人，將有更多成功的機會。

八、遇到困難找方法

一個高效能人士，是重視找方法的人。一個高效能人士遇到困難的時候不會爲自己找藉口，而是積極地尋找解決的辦法。外界的困難、不如意的條件、一個接一個的壓力與挑戰，是不會影響高效能人士解決問題的雄心。

九、注意工作節奏

能力再強的人，如果沒有工作順序，就開始埋頭於工作之中，勢必會把工作弄得一團糟，連原有的能力也無從發揮。這樣，就更談不上高效能地工作了。一位知名的企業家對即將踏入社會的兒子說：「你跨入社會的第一步，應該儘快養成凡事跟著體系前進的習慣。」決定好工作順序後，每一件事就能按部就班地進行，這是提高工作效率的最好方法。所有的事情——包括寫東西、讀書、分配時間等等，都得事先決定順序。如果能夠做到這一點，就可以想像出你將節省多少時間，而且能進行多少工作。

祕密14

深挖細查找成本，成本控制不能完全依靠財務管理

利潤永遠是企業最關心的焦點，因為它關係到企業的生死存亡。成本的控制對於企業利潤的增長至關重要，因此受到企業經營管理者的高度重視。但是企業經營管理者還應該清楚，成本控制不能完全靠財務管理，而是要融入到企業的各個環節去。

企業生存如居家過日子，員工若不會精打細算，不能量入爲出，開源節流，企業的利潤就無法增加。優秀的員工必然會以節約爲己任，有節約的習慣，會自我約束、自我監督，像關心自己的家一樣關心企業，從而實現個人與企業的共同發展。

節約就是創造，對於企業而言，並不是單純的口號，也並不意味著非要從大處著眼。如果每個企業、每個員工都能牢固樹立開源節流、節能降耗、節約就是創造的意識，在日常生活中自覺養成節約的好習慣，企業省的是錢，創造的卻是價值。

在許多人眼裡，日本企業的形象總是和「精明」、「小氣」、「斤斤計較」等形容詞聯繫在一起。然而，人們在對日本企業的「摳門」頗有微詞的同時，也不得不承認日本企業所具備的強大競爭力。

日本企業在生產過程中非常注重節約，許多企業都制定了完備的節約措施，並落實到每一個生產環節、每一個成員。

單就管理營運一項，眾多日本企業可謂使出了「渾身解數」，努力將成本節約進行到底。豐田汽車公司在行政開支管理方面可以說是「錙銖必較」，就連男廁所的便池也用白漆畫了兩個鞋印，定位而立，以便節省清洗用水，而且還在每個抽水馬桶的水箱中放上幾塊磚頭，減少沖水量。日產公司規定員工夏天可以不繫領帶，要求冷氣調高一度，以節約電費。在降低公務用車費用方面，東麗公司可謂節約典範。公務需要用車，須先徵得上司同意，然後去總務部門申請，填寫《車輛使用記錄》，詳盡到要填寫包括使用日期、申請人及同行人員姓名、出發地、目的地、出發時刻、返程時刻、行使最佳線路、駕駛員指定等細節，從而有效節約了公務用車開支。為節省電話費用，有的日本企業甚至規定接打電話時必須站著講話，以縮短通話時間，防止話題冗長。

可以說，正是因為節約，日本企業才走出了一條「經濟型」發展道路。節約精神是日本企業抵禦市場風險的「護身符」，是日本企業生財獲利的「催化劑」，更是日本企業發展壯大的「加速器」。在公物使用方面，日本企業為我們樹立了一個好榜樣。

精打細算、節儉辦事，是那些成功企業經營之道的重要組成。企業經營活動是由眾多小事所構成的，成本也是由眾多小支出所組成的。如果我們能在工作中發現小竅門，從身邊的小事做起，注意節約每一張紙、每一度電、每一滴水，並且養成習慣，企業的成本何愁不降。

在電力行業，檢修清掃設備過程中，酒精發揮著重要的作用。用抹布蘸酒精擦拭設備，不僅除塵效果好，而且因為酒精易揮發，設備乾燥快，又不會對絕緣材料造成損害，由此每次檢修清掃設備，對無水乙醇的需求量非常大，僅發電機通風槽清掃一項就大約需要五箱酒精，通常大修時需訂購十箱酒精，每箱二十瓶。

某電力公司負責發電機檢修的技師們，在使用酒精的過程中發現，由於裝酒精的瓶口較大，每次打開內塞都會灑出一些，不僅不方便使用，而且造成浪費。為了節省酒精的用量，細心的技師們發明了一種新的使用方法：使用酒精時直接在酒精瓶內塞上用刀子切一個五毫米見方的小口，這樣在倒出使用時既能控制用量又不會灑出來，切好的塞子也可以回收繼續使用，未用完的半瓶酒精，則可以用沒有切過的塞子塞住，以備下次再用。

用這種方法，酒精用量比原來減少了一半。事情雖小，意義重大。

在二〇〇三年度《財富》世界五百強企業中，有一個有趣的現象，以營業收入計算，豐田汽車排在第八位，但以利潤計算，豐田汽車卻排在第七位。同時《財富》世界五百強調查資料顯示，二〇〇三年豐田汽車賺取的利潤遠遠超過美國三大汽車公司的利潤之和，比排在第二位的日產汽車高出一倍多。實際上，豐田的利潤已經遠遠超出了全球汽車行業的平均利潤水準。豐田的驚人利潤從何而來？

在豐田的利潤中，可以說很大一部分是員工節儉下來的。在這裡，員工用過的紙不會隨意扔掉，而是反面繼續用；鉛筆削短了，在上面加一個紙套繼續用，就算請領一支新鉛筆，也要「以舊換新」；機器設備如果符合標準，即使陳舊不堪也一樣使用；鼓勵工人提出合理化建議，幾乎每天都有人在為細微處改革下工夫。不但如此，節約水電、暖氣、紙張等都是豐田所宣導的，細微之處的節儉為豐田帶來了不小的收益。

最後，簡單介紹幾種辦公室適用的節約辦法：

一、適當使用二手的辦公用品

工作中常用到的桌椅、屏風、電腦、影印機等設備，如果選用二手的，可以節約許多辦公費用。

此外，節約辦公用品還需注意以下：舊物回收利用。發起辦公室廢舊資源（如玻璃、廢紙、鐵鋁罐）回收，主動設置回收箱，收集、變賣廢舊物品的錢還可以再次購買辦公用品。提倡辦公室節水。節約用水不僅限於家庭，在辦公室內也應提倡。例如提倡隨手關水龍頭，改裝氣壓式水龍頭等。採購時注意貨比三家，如果急匆匆購買，則可能會付出更高的價錢。

二、養成「四關」的習慣

下班後或不使用的時候及時關閉用電設備，如空調、電燈、電腦、印表機等，減少不必要的耗電。資料顯示，電腦、印表機等電器的待機功耗爲五瓦左右，下班後不關閉電源開關，一晚待機十小時，全年將因此耗電三百六十五度。

三、利用分棵移植，省下公司購買觀賞植物的費用

爲了改善公司內部環境，一般會購買一些觀賞用植物。如果公

司規模很大，這也是一筆不小的支出。

我們可以先購買一些觀賞用植物，用心培育，然後將其分棵移植，以增加數量，從而達到改善環境的目的。

四、辦公用品最好批量採購

消耗性的辦公物品可以批量訂購，能降低價格。對存在季節性的物品（如節日賀卡）可以提早訂貨，以便爭取到更好的價格。

祕密15
在納稅上少花冤枉錢，在合理避稅上找回一些利潤

對於任何企業來說，資金都是企業生存的根本。如果能夠利用稅收政策，合法規避稅收監管，減輕企業資金壓力，利用有限的資金進行壯大發展，也是很有實際意義的。

合理避稅是指在尊重稅法、依法納稅的前提下，在現行的制

度、法律框架內，納稅人合理地利用有關政策，採取適當的手段規避納稅義務，減少稅務上的支出。

合理避稅並不是逃漏稅，它是一種正常合法的活動。合理的避稅可以使企業創造的利潤有更多的部分合法留歸企業，也能大大增加企業的營利能力。企業出於自身的實際考慮，採用合法範圍的避稅方式，也是一個留住企業利潤的方法。

所謂「愚昧者偷稅，糊塗者漏稅，野蠻者抗稅，精明者避稅」，成功的商人告訴我們要利用好國家政策和相關法規，使企業既依法納稅，又合法避稅，才是生意人真正掌控企業稅收的體現。合法避稅不是偷稅漏稅，是一種正常合法的活動。

避稅的方法有很多，在避稅的過程中，生意人始終要牢記一個原則，那就是避稅的合法與合理性。否則，不僅違背了企業的最初目的，更違反了國家的法律法規。

成功的商人認爲，納稅是商人和國家之間神聖的「契約」，無論發生什麼問題，自己都要履行契約。而這種契約是十分嚴肅認真的，誰偷稅、逃稅、漏稅，那就是違背了和國家所簽的契約，是不可容忍的。

不過，「絕不漏稅」並不代表創業者對稅收應該不聞不問。優秀的創業者在做每一筆生意之前，總會反覆計算這筆生意是否能賺錢，尤其是計算扣除各項費用和稅金之後還有多少錢能裝入自己的口袋。但是他們爲了多賺點利潤，也在稅收上想了不少點子，最後的答案是兩個字：避稅。

有一個法國人在海外旅行。歸國時，他偷偷帶了一些鑽石，企圖不納稅入境，結果被海關查出扣留，並且罰了很重的稅金，幾乎遭受到沒收的損失。

同行中有一個猶太人聽說之後，非常驚奇，就對法國人說：「你為何不依法納稅，堂堂正正入境呢？鑽石的輸出費最多不會超過百分之七，如果照章納稅，堂堂正正地進入國境，然後在國內賣鑽石的時候，設法把這百分之七放入售價就可以了。」

「對啊。這樣簡單的數學計算誰不會？可是當初我怎麼沒想到呢？」法國人豁然開朗，由衷地欣賞猶太人，並認為依法納稅實在是一個明智之舉。

事實上，猶太人表現出來的並不僅僅是明智。他們知道，依法納稅需要一筆數額很大的稅款，要是可能，誰不願意自己多賺點錢，少交點稅。

「納稅天經地義，避稅合理合法。」猶太人的《財箴》早就有過類似的描述。他們在做到合法避稅的同時又做到絕不漏稅，從根本上來說是得益於由猶太聖典所承載下來的智慧。合法避稅又絕不漏稅，使猶太商人在世界各地有了生存的土壤和發展的根基，也爲這個苦難的民族帶來了豐富的財富。爲了減輕「稅金」，猶太人不像那些自作聰明的人去逃稅，而是想出其他絕妙的避稅的辦法。

一九七六年，猶太富商莫蒂默的收入為一百萬美元，為把納稅數額減少到最小限度，他決定想一個辦法核減收入五十萬美元，可是該用什麼辦法呢？

想了好久，莫蒂默終於有了一個主意。他有一艘祖傳的遊艇，如果將這艘遊艇核價五十萬美元，然後作為自己年收入的一部分捐給一家非營利機構，豈不是既卸下了包袱，又躲避了納稅？這豈非一舉兩得？因為當時的稅法規定，慈善捐贈可以減免稅款。

莫蒂默找到了一位願意和他合作的遊艇核價人，這個人答應將莫蒂默的遊艇核價為五十萬美元。得到估價表後，莫蒂默來到一所學校，表示願意為學校捐贈一艘遊艇。校長接過估價表後，馬上向稅務局寫報告，讚頌莫蒂默先生的慷慨解囊，捐贈給學校一艘價值五十萬美元的遊艇，並說明這艘遊艇的價值已經過專家的核准。

學校得到遊艇後，就想儘快將它出售以獲得捐款。那位精明的估價人挺身站了出來，願意代為出售。然而事情遠沒有想像得那麼好，他使出渾身解數也無法以超出十五萬美元的價格賣掉這艘遊艇。不過還是沒有關係，學校白白得了十五萬美元，估價人也得到了一筆可觀的傭金。

這位年收入一百萬美元的莫蒂默先生，由於純收入減少了一半，他要納稅的部分只剩下五十萬美元。按照當時百分之七十的稅率，他只需要交納三十五萬美元稅款。另一份三十五萬美元的稅款就這樣被他輕而易舉地避過了。

其實，在長期的商場歷練中，猶太人已經總結出了一套合法避稅的辦法，如他們把經營活動與財務活動結合起來進行合法避稅，或者通過經營時間、地點、方式等的精巧安排來合法避稅。他們就可以使避稅行為發生在國家稅收法規許可的限度內，做到合理合法。有時他們也會巧妙安排經營活動，努力使避稅行爲兼具靈活性和原則性。他們還會充分研究有關稅收的各種法律法規，努力做到在某些方面比國家徵稅人員更懂稅收。

其實猶太商人在世界各地苦心經營各自的一方天地，並沒有多少時間運用他們高超的智慧去思考如何避稅。避稅不應是從商者的根本目的，即使是天才避稅者，也不能夠藉著避稅邁入富人的行列。避稅的根本目的應在於促使管理者對管理決策進行更加細緻的思考，進一步提高經營管理水準。

避稅是爲了使企業實現利潤最大化和稅負最低化。合理避稅是一種合法行爲，因此很多外資企業採取各種招數，以達合理避稅的目的。

在長期的商業活動中，成功的商人總結出了很多合情合理的避稅方法。常見的避稅方法有以下幾種：

一、轉換企業資產構成性質

每到一國做生意，應事先詳細瞭解該國的投資環境和優惠政策。如有些國家爲了吸引外資，對外商投資企業一直實行稅收優惠政策，這其中定義就包括外商獨資企業和中外合資企業。企業所有者如果不能以外商身份進行註冊，應想方法將企業轉換爲中外合資經營企業，以便能夠合理、有效地獲取享受減稅、免稅或緩稅的方法。

二、企業註冊地的選擇

每個國家在制定經濟政策的過程中，對一些極待發展的產業的確都會有一些政策上的傾斜，所以在企業註冊地的選擇上，要儘量利用相關的政策優惠。如某些國家在經濟特區、保稅區設立的生產、經營、服務型企業和從事高新技術開發的企業，均可享受較大程度的稅收優惠，此時註冊公司的時候就要儘量選擇這些地區而作爲註冊地。

三、選擇合適的行業

爲了照顧弱勢群體和特殊群體，爲他們謀取福利，許多國家對特殊行業都有免稅規定，這其中可能包括托兒所、幼稚園、養老院、身心障礙福利機構、婚姻介紹、殯葬服務、醫院、診所和其他醫療機構等，有機會免去營業稅。

四、雇用身心障礙人士

爲了照顧身心障礙人士，國家相關政策多半鼓勵企業多雇用這類人群，並給予特殊稅務優惠。

五、充分利用稅收優惠政策

各地對不同的企業都會有不同的稅收政策，會對一些當地支持的產業進行稅收優惠。例如，有些新技術開發區的企業減免百分之十五的稅率徵收所得稅；或利用回收資源作爲主要原料的企業，也可得到稅務優惠。

六、借貸籌資

企業資金來源於三個方面：自我累積、借貸、股票發行。自我累積是企業稅後分配的利潤，股票發行支付的股利也是稅後利潤分配的方式，二者都不足以抵減應交納的所得稅。而借貸的利息支出是從稅前利潤中扣減，可以沖減利潤而最終避稅，所以經理人可選擇以借貸的方式爲企業籌集資金。

合理避稅還需要精通稅法。不管要降低納稅成本，還是降低風險成本，都要涉及稅收。因此，創業者或公司相關人員不僅要看稅法政策，更重要的是要會活學活用。如此看來，聘任一位精通稅法、善於籌畫的稅務經理大有必要的。

祕密16

精細化經營是企業家任何時候都要銘記在心的主題

隨著經濟的發展、社會產品的極大豐富和民眾生活水準的提高，人們對生活品質的要求越來越高，對產品和服務品質的要求也越來越高。在市場競爭日趨激烈的今天，產品或服務日趨同質化已經是企業必須面對的難題。同時，面對WTO帶來的全球性競爭，粗放式管理的競爭力越來越小。精細化經營已經不容企業管理者忽視了。

粗放式管理，很容易滿足於「差不多」的管理，缺乏節約的意識。他們總認爲在市場發育的早期，只要利潤空間很大，只要人們膽大，有想法，就可以發財，不需要在節約上下工夫。而事實上，粗放式管理這種「差不多」的概念，是一種非常不準確、不科學的管理。很多企業管理者一張口就是企業將實現兩位數的增長，但實際上卻沒有任何有說服力的依據。這種「差不多」的管理在措辭中往往帶有差不多、大概等字樣。

這樣的管理實際上是一種短暫的管理，企業事先並沒有進行足夠的長期規劃，政策往往朝令夕改，不穩定性極大，抗風險能力低下。所以，粗放式管理就像舞臺上的莽漢一樣，註定要失敗。

在防腐、防彈、防火產品開發生產領域久負盛名的河南永威防

火板廠，於一九九〇末開始生產防火貼面板。當時，該產業全部僅有二十多條防火貼面板生產線，產品利潤高達百分之二十五。然而，由於永威防火板廠管理粗放，購買的機器和鋼板等價格遠高於同期市場價格，且生產中的瑕疵浪費現象非常嚴重，產品合格率僅為百分之八十。同類企業生產兩百四十張防火板需九十分鐘，該廠竟需一百五十分鐘。到二〇〇二年六月，該廠已累計虧損人民幣八百萬元。與此同時，防火板廠猛增，防火貼面板生產線已由幾年前的二十條猛增至一百二十條，每張貼面板的利潤也從二十多元銳減至兩元。

可見，粗放式的管理已經難以適應微利時代的競爭，只有實行精細化管理，才能應對時代的挑戰。永威經營者也同樣看到了這一殘酷的現實。產品微薄的利潤已成為現實，他們認識到只有在管理上改進，才能在微利時代賺錢。於是永威調整了領導方式，為企業帶來了新的管理理念和新技術，逐步向精細化管理轉變。

他們從堵塞浪費做起，要求原物料直接從產地進貨，年減少支出五百多萬元；招標購進設備，僅鋼板一項每年便節省一百五十多萬元；實行效益工資制，產量、品質與生產線主管、工人的收入掛鉤，使產品合格率由百分之八十提高到百分之九十八；實行款到提貨，使資金回收率由過去的百分之七提高到百分之百；推出用料考核制度，產量提高百分之十。

永威防火板廠從節約一點料、一張紙做起，從設備利用最大化做起，實現增收節支。過去該廠隨處可見丟棄的材料，如今廠房清潔，再也沒有隨便丟棄的現象出現；技術人員經過檢驗，對四個廠房的設備進行改進，使生產速度提高了百分之三十九；改自然冷卻為強制冷卻，使一個生產週期時間縮短為一個半小時。二〇〇四年十二月，該廠投資一千兩百萬人民幣啟用第四條生產線，使生產形成了規模，預計當年即可實現利益一千五百萬元。

永威的經營爲企業管理者上了一堂課，不重視企業的粗放經營，必然遭到市場最終的懲罰，只有精細化經營才是屹立於市場的法寶。

企業和企業之間在產品、技術、成本、設備、工藝等方面的同質化越來越強，差異性越來越小，從某種層面上而言，市場競爭越來越表現爲成本上的競爭。所以，爲了提高自己企業的競爭力，放棄粗放經營，進行精準管理，已經是大勢所趨。科龍公司的成功例子，也證明了這條路的可行性。

科龍公司是中國家電業鉅子，專門生產空調、冰箱、冷櫃、小家電多種系列產品，同時進行多品牌營運，生產基地分佈在順德、成都、營口、南昌、揚州、杭州、吉林等地區，銷售網路則遍佈各地，可想而知在物流管理的廣度和深度面臨著較大的困難。原有的物流管理存在著許多問題，如機構臃腫、業務重疊、效率低下、成本較高等。經過一年多的努力，在物流變革上取得了豐碩的成果，為企業轉虧為盈做出了重要貢獻。

為了降低成本，科龍實行了一系列措施，採取了精細化管理的行動：引入協力廠商物流，使儲運式物流過渡到分銷物流，最終實現供應鏈物流一體化。實施物流綜合成本管理，使「隱性成本」顯性化，追求綜合成本的最低化。在物流佈局上，以生產基地為中心，各生產基地兼顧物流配送中心角色，設立大區域配送中心和分公司中途轉運倉，建立廣大的物流配送體系，在市場需求、回應速度、數量充足等方面達到最佳的協調。此外，還制定前瞻性人力資源規劃，要求管理者具備當代先進的物流知識結構，掌握先進的物流管理技術，理論與實踐相結合，內部培養選拔與外部招聘引進相結合。科龍公司的這種精細化管理區別於傳統的管理方式，對各項成本精細的記錄，最終降低了成本，提升了利潤。

所以，企業作爲營利性的經濟組織，在算經濟帳的時候要算

「長帳」，不能算「短帳」。粗放式管理可能短期內利潤增長較快，但形成思維定勢和運作慣性後便很難扭轉。這樣轉型到精細化管理的過程，當然會有痛苦，甚至不能成功。但如果堅持努力不懈推行，排除內外阻力，建立起精準管理體制後，就有了持久的競爭力，往後的發展會相當順暢，企業的競爭優勢和長遠的發展實力，就會提升到另一個嶄新的層次了。

對比粗放經營和精細化管理，不難得出這樣的結論：粗放式管理已經毫無競爭力。所以還在粗放式管理的企業要儘快轉型到精細化管理的軌道上。

精細化管理是當代企業管理發展的趨勢，是一種理念、一種文化。精細化管理就是落實管理責任，將管理責任具體化、明確化，它要求每一個管理者都要到位、盡職。第一次就把工作做到位，工作要日清日結，每天都要對當天的情況進行檢查，發現問題及時糾正、及時處理。精細化管理也成爲決定未來企業競爭成敗的關鍵。精細化管理不僅是企業適應激烈競爭環境的必然選擇，也是企業成爲一個基業長青的百年老店必然選擇。企業要想長壽，要想做強、做大，企業管理從粗放走向精細是必然要走的路，這是「強企壯身」的關鍵一步。

精益企業的思想在日本豐田汽車身上被演繹得淋漓盡致。豐田生產方式在汽車行業，甚至在其他的製造領域都被廣泛的稱讚和學習。

二戰以後，豐田汽車公司的豐田先生和大野先生考察了福特汽車公司汽車廠。當時，福特日產七千輛汽車，比豐田公司一年的產量還多。但豐田和大野並沒有當即決定複製福特的生產模式，他們認為福特的生產體制還有改進的可能。回到日本後，他們進行了一系列的探索和實驗，根據自身的情況和所處的環境，建立了一整套新的生產管理體制，採用了精益生產方式組織生產和管理，用短短十幾年的時間，讓豐田汽車的品質、產量和效益得到了飛快的增長。一九八〇年代，豐田成功地打敗了美國三大汽車公司，變身世界汽車之王。

那麼豐田公司是如何開始精益生產的呢？考慮到大批量生產所帶來的僵化問題，豐田公司開始著手設計自己全新的生產方式。這套生產方式的主要內容是通過消除生產環節的所有浪費，來縮短產品從生產到顧客手中的時間。豐田公司追求的是生產上的「零儲備、零庫存」，充分掌握絕佳的時機，在需要的時候，按照需要的數量，生產出消費者需要的產品。

豐田公司首創JIT生產方式，並將這種方式與銷售網路相互結合，以此來提高生產和銷售環節的運作效率，降低庫存成本。在日本，豐田公司的分銷商遍佈全國。為了實現與分銷商之間的資訊共用，豐田公司將自己的資訊系統與這些分銷商相結合。這樣一來，銷售人員就可以將顧客的需求資訊直接回饋到豐田公司的生產線，然後再按照顧客的需求安排生產。這個過程大大簡化了豐田的訂貨手續，使得生產節奏與顧客需求步調一致，既減少了交貨時間，降低了經銷商的庫存，同時也保證了顧客能夠及時地獲得自己想要的產品，提高了顧客的滿意度。這一步是豐田開展精益生產的重要內容之一。

豐田生產方式的精髓，就是以消滅生產過程中的浪費爲主要思想，力求提高所有環節的運作效率，節約運作成本。與技藝性生產和大批量生產不同，精益生產組合了前兩者的優點，避免了技藝性生產的高費用和大批量生產的缺乏彈性。爲此目的，精益生產採用的是由培訓良好的技師所組成的工作小組和柔性很高的自動化設備。

「精益」是十分重要的概念。亨利·福特把「精益」的含義概括成一句話：「我們從不將毫無用處的東西納入到公司中。」精益生產的一切都是「精簡」的，與大批量生產相比，只需要一半的勞動強度、一半的製造空間、一半的工具投資、一半的產品開發時間，庫存的大量減少，廢品大量的減少和品種大量的增加。

粗放式的管理是一種非常不準確、不科學的管理。這種管理方式抗風險能力低下，對企業長遠的發展有很大的危害，因此必須實行精細化管理，實現從「粗放式經營」到「集約式經營」的品質飛躍。

精細化管理成爲眾多成功企業的制勝之道，集約式的經濟增長方式也成爲企業的必然選擇。

祕密17

作為經營者，一定要懂數字

身為一個企業家，看懂自家和產業其他企業的財務報表，才能做到知己知彼，懂得看政府公佈的宏觀資料，才能抓住市場機會。可見，懂得「數字」對於經營者來說至關重要。

企業家經常存在著一個盲點，就是用了太多的語文管理，而不做數學管理。所謂的語文管理，就是形容詞、感歎詞太多，比如說：

我們經常是形容市場不錯啊，有增長啊，消費者很喜歡我們的產品啊，我們的團隊管理很正常啊。我們在描述、說話、開會的時候，用了太多感歎詞和形容詞。事實上，這些語言雖然適合外交辭令，但在企業的管理面前卻顯得蒼白無力。

而數學管理強調，企業所有的情況都用數字說話。「我們現在庫存還有多少？」「這次交易給客戶幾天延期付款的時間？信用額的比例是多少？」「把今年的預算再砍掉百分之十五！」當管理者每一天開口閉口都是數字，管理才有力度。

語文管理常用詞：不錯、有增長、有提高、很正常、發展良好、效果還行、基本滿意、比較穩定等；數學管理常用詞：增長率、利潤、稅率、資產負債率、銷售額、百分比、同比等。

企業家活在語文管理當中，就是活在自我的感覺當中，不可能確確實實瞭解企業真正的利潤在哪裡，更談不上創造利潤。

創業者從一開始，就要樹立嚴格的資料觀念，將自己的各項收入、支出、業績等各種資料建立相應的檔案。這些資料的累積，可以爲以後相關分析和決策提供依據，從而使企業發展建立在更爲科學與理性的基礎之上。

不少草根創業者對資料往往不屑一顧，認爲這僅僅是形式，沒有多大的實際意義，太過關注還會影響工作效率，具體情況自己爛熟於心就行了。做事情只追求實質，而不拘泥於形式，這樣才算得上真正的靈活。

這種流傳甚廣的說法，在數以萬計的創業者當中，也非常有市場空間，但這種想法在以下幾個方面存在著嚴重的缺陷：

第一，隨著時間不斷延續，很多資料會在自己的記憶中逐漸變得模糊，某人的記性也許非常好，但他對三年前所發生的業務，肯定會存在著很多模糊不清之處，記憶失真的可能性也非常大。

第二，存儲在頭腦當中的很多情況，絕大多數也僅是以素材的形式存在，而資料只有經過分析處理，才能夠呈現出差異、結構、脈絡、趨勢這些更爲重要的東西，一組直觀而又系統的資料，對經營活動才會更有幫助。

第三，僅僅憑藉頭腦中的印象，很難感覺出一兩個點的微小差距，但對真正的經營活動可能會產生非常大的影響。

第四，對安全庫存、應收帳款、業務進度這些比較精確的動態性指標，僅僅依靠大腦來儲存和分析，恐怕是很難勝任的，肯定會帶來很多麻煩，最終導致管控不力。

第五，做生意，從某種程度上來講，做的就是非常精確的數字遊戲，如果你不將這些東西有效記錄和分析，事實上就很難找到生意中存在的問題和機會，最終也就喪失了做大做強的可能。

然則，任何事情都有自己運行的內在規律，不會因爲你的主客觀原因而改變，創業者要想發展得很好，只能盡最大努力改變自己去適應規律，而不是要求規律發生改變來適應自己。因此我們無論原來是否有資料意識、在技術層面擅長與否，都應當有意打破原來的習慣，向著這個方向去努力，要想成爲一個優秀的創業者，就更應該成爲資料累積和應用方面的高手。

和任何方法一樣，資料本身也不是萬能的，它當然有著自己不可克服的弱點，比如在模型上有些刻板，難以反映更爲豐富的內容，不太利於未來趨勢的把握，對新事物和新領域缺乏開拓性等，而這些恰恰是思辨思維擅長之處。但無論是作爲素材的資料，還是經過分析處理後的資料，都能夠爲我們的進一步思考和更精確判斷提供一些依據，爲思辨和趨勢的把握提供一些新的方向。實際上，很多智者對規律和趨勢的把握，就是建立在對資料分析的基礎上的，資料本身並不是規律，但資料背後隱藏著規律。

在基礎資料足夠完整之後，對資料的分析也是一個循序漸進的過程。懂得數字對於企業經營管理者到底有些什麼要求呢？

一、把數字和百分比放在心上

僅能看懂財務報表還不夠，你要學會從報表中看出一些端倪，透過數字與比率分析，來觀察企業的財務狀況。

財務報表的分析主要是三大塊：

(1)營運能力：你實際的經營能力、運行能力。

(2)獲利能力：你賺錢的能力。

(3)償債能力：保證債權人利益的一種能力。

營運能力反映的是資金使用情況，獲利能力反映的是投資的結果，償債能力體現的是籌資。

在財務分析中，最常用的是比率分析和趨勢分析，就是用數字加百分比的方式來描述分析企業的各種能力和機能。

比率分析是用除法將某一個項目與另一個項目相比。比如說毛利率，就是相應的利潤比上收入。

趨勢分析有兩種，一個是縱向，一個是橫向。單獨一張表，孤零零一個數字，可能看不出任何問題。企業今年營利一百萬，應該算好還是不好，沒有人知道，必須透過比較。假如去年營利五十萬，同樣的機器、廠房、設備，人員也沒擴大多少，今年營利上升到兩百萬，與去年一比，就說明是進步了。

還有一個比較方法是與同行相比。同樣是印刷業，自家印刷廠和別家印刷廠相比，我的利潤多高？人家的利潤是多高？產業的基本利潤多高？這樣一比，就知道自己的位置了。

二、營運能力象徵速度

營運能力指的是企業經營中的存貨周轉速度和應收帳款周轉速度，主要體現在資產負債表上。存貨和應收帳款有兩個比率：存貨周轉率和應收帳款周轉率。

存貨周轉率=銷售成本／平均存貨

有了這個數字，你就可以把今年的存貨周轉率與去年或與上個季度、上年同期相比，如果高了，說明庫存控制得不錯；如果低了，就代表是不是該降低庫存了？

應收帳款周轉率=銷售收入／應收帳款平均額

應收帳款是不是回收得好，主要看應收帳款周轉率。如果發現應收帳款周轉率變低了，一定是客戶的「應收款」多了，這就代表你應該向客戶要帳了。

通過這兩個指標，結合內外部因素，就可以很清楚在企業管理過程中哪些地方控制得夠不夠好，該從哪個地方開始著手改進。

三、獲利能力展現效率

談到獲利能力，第一個就要談到銷售毛利率。

銷售毛利率=（銷售收入-銷售成本）／銷售收入

這就是損益表中的主營業收入減去成本，然後除以收入所得到的值。

毛利率是在尚未扣掉稅及其他費用之前算出來的。換句話說，這筆錢還得扣稅、扣損益表上的相關費用，比如經營費用、管理費用，還有財務費用。全部扣除以後，就不一定還有利潤了。所以，別以爲毛利率不錯就暗自慶幸。

銷售淨利率=淨利潤／銷售收入

這個數字才能真正看出是否賺錢。這是將利潤扣除所有費用之後的淨利潤去算出來的，所以叫做淨利率。不只要看有多少銷售收入，還要看有多少的利潤，才是營業賺錢的目標。

四、償債能力反映品質

償債能力分爲短期償債能力和長期償債能力。有兩個指標，一個是流動比率，一個是速動比率。這個指標多半是債權人會看，也就是借錢給你的人就會關心這兩個指標。

流動比率=流動資產／流動負債

流動資產可以在資產負債表裡找到，在資產負債表左邊的資產部分有一個流動資產合計。流動負債是在資產負債表的負債當中，有一個流動負債合計。

流動比率的標準值是2:1，也就是說，你的流動負債要用流動資產來償還，出於最安全的考慮，流動資產應該是流動負債的兩倍。當債權人透過資產負債表，看出你的資產比負債多，償債能力屬於是比較好的，他就放心了。

速動比率=速動資產／速動負債

流動資產中有一部分資產不是馬上就能變現的，把這個部分排除，剩下那部分流動資產就是變現能力比較強的資產，這就叫速動資產。它與負債之間是1:1的關係，也就是說，一旦短期負債到期，馬上變現就能還給債權人。

只要在資產負債表上找到這些數字，很快就能算出企業的流動比率是多少？是2:1，還是1.5:1，還是1:1？企業主可以根據情況採取相應的措施。或者用來分析同業中流動比率和速動比率差異多少。因爲什麼原因產生這些差異，再決定要如何處理。

另外一個是長期償債能力，就是償還長期負債的能力，這裡有一個常用的指標，叫資產負債率。

資產負債率=負債總額／資產總額

這兩個數字在資產負債表中都能找到，可以用來看出企業的負債率。有些企業負債率高達百分之百，就是說，所有負債總額等於所有總資產。在這種情況下，企業當然沒有錢還債。總資產中既包括流動資產，還包括固定資產，又包括了無形資產和流動性更差的資產。這些資產原本變現能力就低，全部加在一起才相當於流動負債，這樣的企業當然很少人敢借錢給你了。這時企業主的首要任務，當然是減少債務。

不過，負債率沒有確定指標，沒有說負債率百分之五十就好，百分之七十就不好，端看產業現況和企業實際經營情況，需要企業主根據財務資料進行具體分析。一定要提醒的重點是：不要盲目相信借雞就能生蛋，借雞是有成本的，有壓力、負擔、風險的，不是白借的。

從財務指標來看，企業主必須與產業同行進行比較。看看自己的利潤在什麼位置上；自家營運能力與同業比較，又是在什麼位置上；償債能力與同業比較，站在什麼位置上。將這三個報表結合起來之後，再去確定自己的目標市場。

祕密18

確保資金鏈健康、有效——先開源，後開銷

每個企業在發展期，資金鏈都可能都會存在各式各樣的問題，只是這些問題與發展期間企業必須面臨的其他問題相比較相對輕微，因此管理者多半沒有重視這個方面的問題，直到當企業發展到一定程度，問題才會暴露出來。

資金鏈短缺曾經讓許多知名企業，或轟然倒下，或受重創放緩腳步，令人歎息。例如，曾經名噪一時的地產黑馬——順馳地產，鼎盛的時候總經理孫宏斌甚至與王石的萬科地產並駕齊驅，後來因爲大面積購地之後又遭遇地產寒冬，資金無法支撐新開發的樓盤而土崩瓦解；趙新先的「三九胃泰」曾經傳遍大江南北，卻因盲目多元化導致資金危機，連樹立在紐約曼哈頓廣場的巨幅看板都被悄然拆除；巨人集團的史玉柱因爲高估當時企業和市場的大好形勢而興建巨人大廈，結果因資金不足，不僅大廈沒有樹立起來，還拖垮了其他業務。警鐘長鳴，企業經營管理者應該引以爲戒。

事實上，任何一個經濟組織的生存和發展都需要一條健康、有效的資金鏈來維繫和支撐。近年來，英語培訓行業因爲需求增加，增長速度飛快，引來了眾多企業經營者的目光，使得競爭更爲激烈，淘汰率也非常高。

赫赫有名的南洋集團是從太原起家的，後來經過快速擴張，成為中國民辦教育的翹楚。南洋的發跡應該歸結於該公司的「教育儲備金」這一歷史產物。其辦法是如果學生家長一次繳交一筆八至二十萬人民幣不等的儲備金，此後就不需要交納任何學費和伙食等費用。等學生畢業之後，儲備金將全額不加利息如數返還家長。學校所收取的利息則用來繼續擴大規模，開設新學校，快速發展。

可是，世事難料。一九九八年亞洲金融危機爆發，政府為鼓勵消費，連續八次降息。這使得靠「教育儲備金」集資運作的民辦教育成為高危險群體。到二〇〇五年秋季，南洋到期的各校教育儲備金無法兌現，各地形成擠兌風潮。二〇〇六年，南洋集團由於儲備金問題全面崩盤。除南洋外，雙月園、金山橋也因同樣的原因相繼垮台。

同樣是民營培訓學校，新東方的資金鏈當然也引起了社會的關注，尤其是二〇〇六年新東方的上市，讓人們有了這樣的猜測：新東方上市是不是因為缺錢呢？俞敏洪就這些問題發表了自己的看法。他說，新東方不缺錢，那為什麼還要上市？真實原因之一是上述問題的延續。他希望用嚴厲的美國上市公司管理規則來規範內部，用制度來說話，避免前面出現的人情和利益糾葛。

他還說，那些學校垮掉有兩個原因：一是資金鏈問題，一是模式的問題。比如南洋採取的儲備金模式，學校收取學生高額儲備金，承諾學生畢業時返還，只收取利息用來辦學。這在早年利息高達百分之十以上的環境下可行。但後來開始降息，低到只有三個多百分點，學校就難以為繼，不得不動用學生的儲備金，最後終於出了問題。

這番話是二〇〇六年新東方在美國紐約證券交易所上市時俞敏洪說的，雖然有「馬後炮」的嫌疑，但此番分析依舊一針見血。而關於人們對新東方的上市是不是遇到資金問題的猜測時，俞敏洪給予堅決、自信的回答：新東方上市，坦率地說是個例外，因為新東方從來沒有缺過錢，新東方的帳上加起來，原則上一般都不會少於兩億人民幣，所以從來沒有缺過錢。

新東方的任何投資都沒有超過現金流的警戒線，早已形成了自己的投資原則，其中有一條就是「百分之三十原則」——新東方付出去的錢不能超過儲存現金的百分之三十。「百分之三十原則」是大多數國際公司所實施的財務安全原則，這一做法是新東方諮詢過許多財務顧問公司和專家最終確定下來的策略。

俞敏洪進一步解釋新東方的財務原則：儘管新東方的商業模式非常好——先進錢後花錢、基本沒有應收帳款，但是新東方還是堅守不要把應收帳款都當成公司現金流的原則。

資金鏈優良，企業才是真的優良。一些資金鏈的斷裂導致企業失敗，表面看是問題的直接反映，其核心是企業缺乏管理財務風險和控制現金流的能力。就如南洋集團，其崩潰的禍根從一開始就已經埋下了。因爲它的資金運行模式本身就非常不安全，一旦外部環境發生變化，崩潰肯定是必然的。

資金鏈，是一個企業的鮮血，幾乎所有的企業稍具規模之後，就會違背企業經營效率這個根本。因此，如何保證資金鏈的連續發展，可以說是企業經營的根本。當一個企業核心業務趨於成熟，或者轉向其他領域的時候，以資金鏈爲主的財務風險會陡然增大，管理者必須謹慎對待。

迅速成為中國最大印染企業又迅速隕落的浙江江龍控股集團有限公司，就是因為資金鏈斷裂而衰敗的典型。

江龍印染由陶壽龍夫婦創辦於二〇〇三年，是一家集研發、生產、加工和銷售於一體的大型印染企業。二〇〇六年四月，新加坡淡馬錫投資控股與日本軟銀合資設立的新宏遠創基金簽約江龍印染，以七百萬美元現金換取其百分之二十的股份。同年九月七日，江龍印染（上市名為「中國印染」）正式在新加坡掛牌交易，陶壽龍因此一夜成名，迅速成為紹興印染行業的龍頭老大。

大好形勢之下，陶氏夫婦的「印染王國」迅速發展，在短短幾年間，江龍控股總資產達二十二億元，旗下擁有江龍印染、浙江南方科技有限公司、浙江方圓紡織超市有限公司、浙江紅岩科技有限公司、浙江方圓織造有限公司、浙江百福服飾有限公司、浙江百福進出口有限公司、浙江春源針織有限公司等多家經濟實體及貿易公司，業務範圍極廣。

二〇〇七年，江龍控股的銷售額達到二十億元，陶氏夫婦達到了事業的巔峰，並成為政府招商部門眼中的紅人。不過，受宏觀調控的影響，二〇〇七年年底，紹興某銀行收回了江龍控股一項貸款，並縮減了新的貸款額度。銀行的意外抽貸更是讓陶壽龍大傷腦筋。江龍控股的現金流和正常營運隨即受到重大影響，百般無奈之下，陶氏夫婦開始求助於高利貸，此後經營每況愈下。

「只要沾染上了高利貸，有幾個企業能夠全身而退？」江龍控股的另外一個供應商陳先生說。在江龍控股出現資金危機後，除了借高利貸維持正常周轉外，陶壽龍夫婦還展開了一系列的自救行動，以維持營運。據報導，該公司資金鏈斷裂或將涉及高額的民間借貸，其中拖欠供應商的貨款就達兩億元左右。加上一些對外擔保和其他債務，總額已遠遠超過二十億元。

二〇〇八年十月初，董事長陶壽龍及其妻子失蹤。隨後不久，陶壽龍被逮捕，該公司總經理、陶壽龍的妻子嚴琪也因涉嫌故意銷毀會計憑證遭到逮捕。

江龍控股的隕落，資金鏈斷裂是主要原因。現金流就是一個企業的命脈，有句古語叫「一文錢憋死英雄漢」，其實講的就是現金流對企業的重要性。但是在現金流這個問題上，很多創業者缺乏充分的認識。要知道，想將企業做得更好，關鍵是強化企業的營利能力，尤其是要管控好現金流。

如何避免資金鏈出問題呢？我們可以從以下幾個方面著手：

一、保證主鏈的資金充分寬裕，必須有相當的融資能力，包括政府、銀行等非常手段，資金鏈必須暢通。

二、保證企業財務會計工作的有效性。由於種種原因，存貨和應收帳款上的阻力經常特別大，容易降低企業的資金周轉率，也會大量出現腐敗現象。所以企業要以資金管理為中心，提高資金使用率；做好應收帳款管理，防止壞帳發生，加強對原始單據的審核，保證會計資料的真實性、完整性及合法性；堅持穩健原則，防範財務風險，建立財務風險防範與財務預警體系，及時化解財務危機；開展財務分析活動，為企業營運提供決策依據；建立財務監控體系，防止財務失控，建立內部稽核制度，保證會計業務的及時、完整、準確、合法。

三、中小企業掌控現金流的做法。

(1)下游原料企業先貨後款。除了第一次合作，為了表示誠意，需要提前支付貨款外，要儘量先貨後款。當然，一定要按章辦事，不

要壓款，以免影響付款信用。

（2）對於客戶先款後貨。尤其是新客戶一定要求對方先款後貨。要隨時記錄各個客戶的付款情況，制定相應的付款條款。一旦客戶拖欠，其信用水準就要立即降低，馬上提升預付款的比例。這樣，給客戶以警示，並能把風險降到最低。

（3）儘量租用大型生產設備。購買必然會佔用大量的現金。如果採用租用的方式，雖然短期內支付的租金相應多些，但能保留下足夠的現金流，支撐企業良性運轉。

（4）不要接超過公司生產能力百分之十五以上的大單。如果接受到超越自身生產能力的訂單，一定要學會分包策略，透過與別人的聯合來完成訂單，避免使自己力不從心。

祕密19

設立預算制度，利潤是被要求出來的

所有的公司都要作預算，估計出一年裡大概的開支，不要藉口「業務變化太快」、「沒時間」、「公司太小不需要」、「沒有資源或人來做」，就把預算拋在腦後。連自己花多少錢都不清楚的公司，不可能生存太久。

上到國家，中到企業，下到個人，每一個主體都會與預算打交

道。隨著市場競爭的加劇，企業以科學的方法制定預算制度，也是競爭力的重要體現。在成熟的團隊裡，預算的編制應該是自上而下、自下而上、上下結合的方法，也就是說，預算不是企業主一個人說了算，也不是財務經理一個人說了算，而是有一套完整的預算制度。

編制預算主要有三個步驟：

一、調查

調查下一個年度客戶情況、新產品開發情況、競爭對手、市場供求關係、整個資本性開支等。對公司內部環境和外部環境作徹底的分析和預測。

二、對比

對成本作一次全面的對照和假設，對照去年的成本和今年的預估成本，其中有沒有什麼波動?在這個行業法規上有沒有什麼變化？供應商方面有沒有新的突破?在今年有沒有新的資本性開支?有沒有大的人事變動？有沒有大的銀行貸款？分析這個年度以及上個年度所花出去的錢作預測和對比，第一個重點是對行銷、市場、客戶、產品，第二個重點則放在成本、供應商、創新、貸款、資本性開支。

三、預測

收集完以上資料之後，就可以制訂公司的年度經營計畫，預估成本開支。比如，定下了年度目標是一億，那麼這一億的收入背後，當然還有銷售成本、費用，這樣預算就出來了。

資金預算管理是指基於歷史資料和經驗，結合企業當前經營的實際環境，合理預測企業資金的需求量，並科學地分配資金到企業經營的各環節管理。資金預算的內容，包括資金流入、資金流出、資金多餘或不足的計算，以及不足部分的籌措方案和多餘部分的利用方案等。資金預算實際上是指其他專案預算中，有關資金收支部分的匯總，以及關於收支平衡的具體計畫。資金需要量的預測，能夠保證企業某一時段的生產經營活動順利進行，而資金預算則真正動態地反映了企業的資金餘缺。

資金預算具有以下兩方面的意義。

一、降低企業財務風險

資金預算管理對資金的使用進行全程的追蹤，提高了對資金的內部控制，通過對各預算單位的貨幣資金、票據、預算內收支、預算外收支、借款、擔保等的預算工作，可以有效加強貨幣資金和金融風險的管理，保證資金活動有序進行，降低財務風險。

二、提高資金利用率

資金預算的編制過程，對不同的籌資管道、籌資方式分析比較，權衡籌資成本和承擔的風險，優化資金結構，降低了企業的籌資成本。在資金投放使用過程中，通過資金預算使資金的投放按照計畫進行，避免資金的無效使用和出現偏差，優化了投資結構，提高了投資的報酬率。資金預算在有針對性的壓縮應收帳款、控制存貨水準、削減資本性支出等策略下，優化了現金流量的品質。

企業經營管理者建立科學化預算制度，主要從以下幾方面入手：

一、強化資金預算管理

資金是企業的「血液」，是保證企業有效運轉的不竭源泉。如何用好資金，提高資金使用效率，是企業財務人員所面臨的一項重要課題。尤其是在目前市場變化無常的情況下，科學合理的資金預算是企業統籌安排資金，降低資金成本的有效途徑。在以企業負責人爲首的資金預算委員會的領導下，採取一系列強化資金預算管理的措施：

(1)以周資金預算爲重點保月資金預算。企業應在總結以前資金管理成功經驗的基礎上，進一步加強資金預算管理，建立年、季、月、周的資金預算管理體系，做到以日資金調控保障周資金預算，以周資金預算保障月資金預算，使企業的資金始終保持良性循環狀態。

(2)建立各個業務部門共同參與、全程控制的月資金預算體系。一個科學的預算需要企業各部門的協調配合。各部門每月提供預算計畫，如：生產部門提供原料採購計畫和物資採購計畫，行政部門提供固定資產的工程用款計畫，銷售部門提供產品銷售計畫和應收帳款控制計畫等。呈報主管審批後，再將有關資料及時提供給財務部門，由預算委員會辦公室於每月月底前將資金預算進行匯總、預審並提報資金預算委員會審批。

(3)建立預算變動報告及執行情況回饋制度。企業裡的實際資金流轉不可能與預算完全相同，對於有變動的資金預算，必須提供書面報告，並提交資金預算管理委員會審批，以便資金管理人員及時調整預算和調度資金，經批准後方可辦理付款手續。在周、月度資金預算執行完後，也要及時對資金預算執行情況進行分析，及時找出形成差異的原因，然後將分析結果及時回饋給各業務單位，以指導今後預算的編制。

二、加強成本預算管理，提高企業經濟效益

對企業來說，成本控制是一個非常重要的環節，如何加強企業的成本控制，提高企業經濟效益呢?應推行全面成本預算和目標成本管理，具體情況如下：

(1)加強企業的成本預算，強化目標成本管理。企業應成立預算管理委員會，加強對預算工作的統一管理。每年定期召集生產、銷售、計畫、財務等部門，根據各個相關指標，結合本年實際狀況去編制來年的生產計畫、銷售計畫，預算委員會辦公室再根據相關計畫編制來年的成本預算，呈報企業預算管理委員會討論、審定之後，將成本預算逐項進行分解，並建立相配套的考核辦法。同時建立各級成本責任制，將各項成本預算指標逐一細化分解到工廠、班組、工段，以及個人，真正做到一級對一級負責，一級對一級考核，保證效益目標的落實。

(2)加強經濟活動分析，及時跟蹤預算執行情況。預算指標一經下達，不得隨意更改。爲了及時瞭解預算執行情況，以及實際執行過程中出現的偏差，企業應建立定期預算分析和報告制度，每月定期召集各部門對本月、本年累計工作完成情況、成本費用控制情況、利潤完成情況、財務情況、現金流量、市場需求價格變動趨勢……等進行分析，將預算執行結果與預算資料對比，找出差異並分析原因，及時解決預算執行過程中出現的問題，並在執行和分析過程中，不斷完善預算管理制度，提高預算管理水準。

三、加強績效考評，保證預算的全面實施

根據預算指標，企業應制定一套比較完整的配套考核辦法，實行成本一票否決制度，將職工個人利益與預算指標連結，同時根據不同單位對成本節約的大小，實行係數分配制度，就是將各單位預算指標考核結果再乘以一個係數作爲最終的獎金分配依據，這樣一方面可以適當拉開收入差距，體現按貢獻大小來分配的公平原則，另一方面是將月度預算指標與年度預算指標相連結，激勵各單位以月保年，切實保證年度預算指標的完成。

加強對資金預算、成本預算的管理，目的是要真正實行全面預算管理，從根本上提高管理水準，最終實現企業效益最大化的目標。

四、預算要有「法律效力」

一旦你的預算確定下來，各部門、各分公司在生產、行銷和各項活動中，就要嚴格執行，圍繞預算開展活動。年度預算有了，還要從年度預算再細分到月度預算，而且每個月都要對預算執行情況進行分析，如果在哪個環節上的花費超出了當月預算，就馬上分析原因，若是一次性費用，只要小心檢討，若是因爲控制不當而引起的，就要馬上追究責任，找到改進措施。要讓員工把預算當成公司的「法律」，法不容情，違法必究。

祕密20

實現突破，首先要實現資金周轉和利潤貢獻的突破

資金周轉效率和資金利潤貢獻率這兩個指標，在很大程度上決定了專案能發展到什麼程度。專案要真正獲得發展，實現規模不斷擴大，就必須在這兩個方面找到突破，否則只能原地踏步。

不少創業者運作了五六年之後，雖然一直都在營利，但就是做

不大，自己卻一天到晚忙得要死。若問及這其中的原因，他們往往會說，雖曾想過多雇用員工來實現規模上的擴張，結果卻發現不雇人還能賺一些錢，一旦雇了人，自己還沒有員工賺得多，又承擔了很大風險，受苦受累，最終反而要替員工打工。就這樣許多年過去，一直突破不了這個困局。

在現實當中，這種現象非常普遍。出現這種情況的原因固然很多，但最爲核心的問題就是資金周轉效率和資金利潤貢獻率。這兩個指標，直接決定了在限定時間內，人員數量和人力資本投入相同的情況下，企業的利潤水準如何。舉個簡單的例子，假定流動資金投入二十萬元，一個月周轉三次，每次可獲利兩萬元，每個月下來經營所得利潤就是六萬元；倘若一個月周轉僅僅只有一次，則利潤只有兩萬元。如果你雇用了兩名員工，每人月薪近兩萬元，在資金不同的循環週期下，盈虧情況差異就變得相當大了。

再舉一個例子，流動資金的投入還是二十萬元，資金一個月周轉兩次，經營甲產品每次周轉可獲利一萬元，百分之五的毛利率；經營乙產品每次周轉可獲利兩萬元，百分之十的毛利率；經營丙產品每次周轉可獲利四萬元，百分之二十的毛利率；在這三種不同的利潤空間下，每月分別能夠獲得兩萬元、四萬元或者八萬元的利潤。倘若你聘請了三名員工，月薪都是兩萬元，在不同的利潤空間下，專案盈虧情況同樣差異巨大。

以上是兩個非常簡單的例子，現實中的情況往往會複雜得多，基本上都是兩個變數同時在發生。事實上，影響資金周轉效率和資金利潤貢獻率這兩個變數的因素很多，不同種類的產品，同類產品不同牌子，產品之間的不同組合，不同的經營地段，以及不同的客戶定位，都會造成兩個指標上很大的差異。說白了，商業模式的不同，直接決定了資源周轉效率和資金利潤貢獻率。

從有效提高資金周轉率，來提高資源對企業的利潤貢獻率，主

要有八個方面需要管理者注意：

一、要貨計畫的制訂

許多經銷商組織在要貨計畫制訂上沒有詳細的作業流程，控制機制相當隨意。有的由倉庫管理員做，有的由業務員做，也有讓財務人員來做，這些其實都是欠妥的行爲。倉庫人員會考慮自己的現有庫容和工作強度，對市場和財務很少考慮；業務員主要從市場角度考慮，貨是越多越好；財務則以上期或同期資料爲參考，對時效和市場的感受度較差。

合理的做法建議是：業務負責做出一份下個週期（選擇周、月、季等爲單位均可）市場要貨數量和重要客戶要貨頻率，由倉庫管理員結合現有庫存狀況進行部分產品要貨量調整，再由財務根據上期或去年同期實際銷售資料以及財務資金狀況進行修正，最後由經銷商負責人通盤考慮進行核定。（特別提醒：要貨時必須注意非正常要貨的配載，有時爲了匹配供應商的經濟運輸單量，隨意增加一些計畫外

的非正常要貨。實際上，這部分配載貨經常在最後成爲積壓庫存，退換都成問題。）

多要貨則容易佔用周轉資金，降低資金周轉效率；少要貨可能因缺貨被終端客戶處罰，得不償失。不夠完善的要貨計畫，將無法提高資金回轉率。

二、配送管理

配送管理得好不好，將直接影響物流效率，從而影響資金周轉率。畢竟訂單意味著交易機會，但若錯過訂單交付時間，就會斷送這次交易機會，還會對客戶關係產生負面影響。

配送管理的確不複雜，然而就是因爲輕視而導致配送效率低甚至混亂的現象。

例如：某經銷商的訂單下單期是每週二、四，次日送貨。若是週四的訂單延誤一次，即使不處罰，也必須延要到下週二重新下訂單，下週三送貨。期間要耽誤週六、周日以及下週一、二的四天銷售。而這批產品的理論庫存期就增加了四天，實際操作中肯定還會大於四天。如果恰好又過了結帳期，這批產品要挪到下月結算，則更是降低資金回轉率。

三、帳期管理

零售客戶的帳期只會每年延長不太可能縮短，從帳期上尋求變通來提高資金回轉速度的可行性不高。有的零售商允許提前結算，但經銷商的貼息成本高，除非急需資金周轉而顧不上考慮財務成本增加。

我們這裡的帳期管理主要體現在實際結帳期與合約帳期是否在正常偏差區間。比如，合約約定帳期爲四十五天，終端對帳期恰逢五天假日，因此經銷商開具票期距支票實際出票期爲五十天。此間的五天偏差是能接受的，若這個區間大於五天就有問題了。

帳期管理不能只是停留在合約談判上，更要把重心擺在執行上。儘量避免給零售商客戶拖延付款的理由。要使己方始終處於主動狀態。

四、社會庫存控制

有一個經銷商老闆這樣說過，他很有錢，但錢都在貨裡。他說的貨就是我們常說的社會庫存，即在下游客戶賒銷的產品。

做終端的經銷商都明白：沒有一定的社會庫存，就沒有陳列效果，也就不能增加銷售機會。但過高的社會庫存又是資金回轉率的黑洞，因此如何做好對社會庫存的控制就變得尤其重要。

只有合適的庫存，沒有合理的庫存。做生意不同於理論，合理的東西往往不合情。比如，A店三百平方米，B店一千平方米，從陳列空間來看，B店的貨架庫存應該要大於A店才合理。但A店品類只做兩個品牌，B店有七個品牌，而A店兩個品牌的銷量還略高於B店同樣兩個品牌的銷量。從經銷商經營的角度來看，社會庫存放在A店，比放在B店更有價值。

經銷商不同於實力強大的製造商，不能盲目追求所謂的數值鋪貨率，更不能注重所謂的機會總量（那相當於空中樓閣，潛力是有，但競爭成本更大）。

五、促銷執行

賣得越快回轉率越高，這是顯而易見的規律。促銷的效果標準很多，但對經銷商來說，銷售出去多少才是重點。

（1）促銷的根本是促進銷售，幫經銷商創造更多溢價收入。經銷商最正常的交易行爲是加價行爲，儘管現在通過加價產生營利的難度越來越大，但這是經銷本質。正常的結果是促銷越合適，銷量越大，資金回轉率越高。

（2）促銷可以保持經銷商對下游客戶的控制。現今的商業流通發達，客戶可以輕易買到幾乎所有的產品，但卻無法得到促銷支援，這是經銷商天然的優勢。有忠誠度高、穩定的下游客戶，無形中就會爲經銷商提高資金效率。

（3）促銷是經銷商掌握主動性的權力之一。沒有一個下游客戶不對促銷感興趣的，如果促銷力度超出常規，連帳期通常較硬的零售賣場採購也會變得親切易處，帳期上迴旋的餘地也就會增加。儘管有帳期要求，但如果能夠有較大折扣的促銷，與賣場做現金交易也是非常可能的。

但是經銷商群體中有不少人把廠方促銷當成利潤來源，一個勁地向上游廠方申請促銷費用或者虛報費用，這種本末倒置的做法最終害人又不利己。促銷上的投入一分不能省，資源也一分都不能貪，好鋼都得用到刀刃上。

六、積壓庫存處理

積壓庫存在每個經銷商處都有，有商業行爲就會有這個問題。既然不可避免，就應當積極妥善處理。

積壓的庫存不是資產，反而是負債。建議經銷商要時刻注意積壓庫存的產生和處理，不要積壓，不要打著有朝一日能夠原價折算給上游供應商的算盤。如果殘次庫存已經與上游供應商交涉無果的話，還不如早些處理變現。

七、客戶管理

每個客戶對資金回轉的要求都不會相同，這時經銷商應該對每一個客戶資金回轉率給予評估。回轉率越高的客戶比例要保持在一定的水平線以上，遵循「現金爲王」的經營理念。適時淘汰一些結算信譽差的客戶，不是每個客戶都值得往來。過分要求客戶鋪貨率是會大幅降低資金回轉率的。

八、品項管理

品項管理對於以商貿爲主的經銷商來說勢在必行。

經銷商品項管理包括以下內容：

(1)品牌側重：一個經銷商往往經營幾個品牌，每個品牌的投資收益和資金回轉率都有是差異的。

(2)品類劃分：按當地市場消費水準和消費結構劃分，保證資金投向的有效性。不是每個製造商都能做好手中所有的品類，所以經銷商更要注意自己的區域特點。

(3)小品項調整：如上圖所示，回轉率與毛利率走向恰好相反，經銷商必須權衡利潤與回轉率的選擇側重。

(4)季節性產品：季節性產品的資金需求是不均衡的，經銷商要計畫好季節性產品與常銷產品的資金使用狀況，既要關注季節性產品又要防止對常銷產品的資金過多佔用。

祕密21

在財務問題上，除了制度不相信任何人

按制度辦事對於一個企業來說非常重要，尤其是面對企業的財務問題。按制度辦事能過濾掉一些外在的干擾因素，可以使企業在某些方面不需要被牽著鼻子走，反而增加了自己的主動性。因此企業管理者只相信制度，是引導企業走上正軌和不蒙受損失的必要信念。

作爲一個經營管理者，在商場搏殺了數年之後，都會深刻地體會到一個公司制度的重要性。要想做到最好最聰明的生意，在財務問題上，除了制度，請不要相信任何人。

數年前，林先生在某個私營企業任總經理，當時公司有兩千五百平方米的房產需要裝修。通過招標，林先生選擇了一家知名度很高的裝潢公司，該公司的張總是林先生的好友。案子做完後，張總對林先生說：「一共花了四百二十五萬元，成本價，你想給多少就給多少吧。」同時他補充說，「如果我賺了你的錢，我就從這裡跳下去！」

但林先生告訴他：「我們公司不是我說了算，必須經過審計部門，每次都是他們核算後作決定。」審計部門在審核公司費用上，一向非常嚴格。

十天以後，審計部門對他說：「林先生，統計數字已經出來了，成本是一百六十八萬元。」

張總得知後暴跳如雷。因為這個案子的主辦人是他的副總經理。後來重新核對每一個細節。一個月以後，數字也出來了，成本果然是一百六十八萬元。

這件事情確實讓林先生領受到了財務管理的威力，他終於親身體驗到企業的利潤是怎麼流失掉的。

有句古話：「賺錢如針挑土，花錢如水推沙。」賺錢不容易，而花錢只要我們稍微不控制，潑出去的水就無法挽回。審計學上有句話，「追根究底」。其實財務的本質就是追根究底，清楚錢來是怎麼來的，去是怎麼去的，財務管理者一定要有這種精神。

既然在財務問題上，除了制度不能相信任何人，但是企業裡面負責統計財務數字的會計也是人，因此在招募會計人員的時候，一定要注意，企業管理者要有這種想法：你選擇的不是人，而是你的制度，你選擇出來的人會像公司所制定的制度一樣，本本分分，循規蹈矩。因此管理者在選擇財務人員的時候，要遵循三個標準：

第一，作風正派。不管做人和做事都必須實事求是，光明正大，堅持原則。

第二，有敬業精神。熱愛自己的工作，對待任何工作都非常認真。

第三，對企業忠誠。財務知識還在其次，關鍵是態度。

台塑大老王永慶的逝世讓很多人痛心疾首。他的管理精神被廣為流傳，奉為經典。王永慶降低成本的本事，連世界級管理大師都為之驚歎，望塵莫及。那麼，他的祕訣在哪裡呢？

王永慶曾說過，經營管理和成本分析，都要追根究底，分析到最後一點，我們台塑就靠這一點吃飯。

有一次，他們開會討論南亞所做的一個塑膠椅。報告的人把接合管多少錢、椅墊多少錢、尼龍布和貼紙多少錢、工資多少錢都算得很清楚，合計五百五十元。每個項目的花費在成本分析上統統都被列出來了。

但王永慶追問：「椅墊用的PVC泡棉一公斤五十六元，品質和其他的比較起來怎麼樣？價格如何？有沒有競爭的條件？」負責報告的人答不出來。

王永慶再問：「這PVC泡棉用什麼做的？」

「用廢料，一公斤四十元。」

「那麼大量做的話，廢料來源有沒有問題呢？」

報告人又不知道。

「南亞賣給人裁剪組合，在裁剪後收回來的塑膠廢料一公斤多少錢呢？」

「二十元。」

「那麼成本一公斤只能算二十元，不能算四十元。使塑膠發泡的發泡機用什麼樣技術？原料多少？工資多少？消耗能不能控制？能不能使工資合理化？生產效率能不能再提高？」

結果報告人也不知道。

這麼一大堆工作沒有做，在王永慶看來，是絕對不行的。所以王永慶一再強調，要謀求成本的有效降低，無論如何都必須分析影響成本各種因素中最本質的要素，把所有要素一一列舉出來檢討，才能建立一個確實的標準成本。

王永慶就是從這樣一點一滴做起，沒有單純地相信別人的報價，而是自己深入地研究比較，從而達到降低成本的理想目標。

因此，作爲企業管理者應該每時每刻提醒自己：

一、你的企業裡有專門人員負責砍價嗎？這個人清楚企業的規章制度嗎？

二、你的企業裡有專門人員對採購價格進行嚴格的審核嗎？這個人或者部門也清楚企業的規章制度嗎？

三、你有像王永慶那樣進行精細的成本核對嗎？你是否經常輕信朋友或熟人給你的價格？你在採購物品時達到價格最優化了嗎？

通過以上案例，我們可以看出無論是企業的合作者，還是企業內部的員工，都會在不同程度上干擾著企業的財務收支，引起財務問題的出現。企業的合作者會因爲種種利潤的誘惑趨使自己不擇手段，只爲自己謀大利潤而考慮——就像故事裡那個裝修公司裡的副總，如果這筆生意林先生沒有按制度辦事，那麼公司就虧大了，讓廠商得了便宜。對於企業內部員工，不能說他們不誠實，對公司不忠誠，只是一些專業或者細微之處，他們畢竟還是不能考慮全面。

因此，管理者更應該深入淺出的研究或者探究市場，確定合理的商品價格。這樣在降低成本的同時，也幫助培養了還在成長中的員工素質。因此公司要想營利，那就必須控制好成本，要想控制好成本，就一定要按公司的制度辦事。其他人的建議管理者可以參考，但是不能只相信少部分人的言語。只有這樣，企業才能減少出差錯或者吃大虧的現象。

在財務問題上，企業的管理者一定要堅信制度是自己最好的助手，切忌只單純相信人！

祕密22

懂財務是避免公司倒閉的保障

不懂財務的老闆帶著公司全體人員在市場上和其他公司競爭，就像一個不自量力的人，拎著把特大把的關刀和別人打架。除了運氣好的時候能砍到別人，大多數的時間都是先砍到自己。可見做一個懂財務的創業者，就可以為企業的平穩發展提供保障。

企業財務狀況是指企業在一定時期的資產及權益情況，是資金運動相對靜止時的表現。通常通過資金平衡表、利潤表及有關附表反映，它是企業一定期間內經濟活動過程及其結果的綜合反映。

企業經營過程反映到財務上就是一個資金的流動過程，從現金開始流到資產，再到現金，周而復始不斷循環。決定企業財務狀況好壞的因素包括經營策略、存貨、技術裝備狀況和信用控制體系四個要素。

企業財務狀況的好壞，是企業經營好壞的晴雨計。財務管理是企業管理的中心，貫穿企業管理的全部過程。它不僅被企業的每個財務人員所關心，也是企業管理者、投資人、企業員工們隨時關注的大事。先進的財務管理能夠促進企業的健康發展，提高企業的競爭能力。

迪士尼是好萊塢最大的電影製片公司。由創始人華德在一九二二年五月二十三日用一千五百美元建成的。融資擴張策略和業務集中策略是邁克・艾斯納在長達十八年的經營中始終堅持的經營理念。兩種經營策略相輔相成，確保原有資源與新業務的整合，並且答到不斷地削減公司運行成本的作用，同時也保證了迪士尼公司業務的不斷擴張，創造經濟連續十數年的高速增長。

迪士尼公司的長期融資行為具有四個特點：

首先，股權和債權融資基本和趨勢波動相同。

其次，融資總額基本都比較穩定。

再次，迪士尼公司的股權數長期以來除了股票分割和分紅之外，變化不大。

最後，長期負債比率一直較低，平均保持在百分之三十左右，並且呈繼續下降趨勢。

迪士尼公司採取的激進擴張策略本質上來說也是一種風險偏高的經營策略。為了避免高風險，就需要有比較穩健的財務狀況與之相配合。

財務管理是企業管理的重要組成，而迪士尼之所以如此成功，是因為它經營現金流和自由現金流充足，有優良的業績作支撐。所以公司有能力控制債務比率，減少債務融資，降低經營風險。

企業財務狀況好，企業才真的好。因此，作爲企業的管理者一定要懂財務，懂財務是避免企業倒閉的保障。李嘉誠先生曾說過這樣一段話：「我未有幸在商學院聆聽教授指導，我年輕的時候，最喜歡翻閱的是上市公司的年度報告書，表面上挺沉悶，但這些會計處理方法的優點和弊端、方向的選擇和公司資源的分佈，對我有很大的啓示。對我而言，管理人員最基本的元素就是對會計知識的把持和尊重，對現金流以及公司預算的控制。」

可是，很多企業的經營者都是從行銷起家，自身並不熟悉專業的財務知識，甚至不具備較高的文化水準，因此很少有企業家會主動關心財務知識。我們總是在模糊中意識到財務是一件很簡單的事情，不過就是收入進來了。這就好像，你已經把刀拿在了手裡，但卻不知道手裡拿的東西是什麼，模糊中只知道是個很硬的東西。這樣，你當然也沒有欲望去學會怎麼使用它，甚至是用好它。

企業家常常不愛看財務帳目，但在做生意過程或在企業管理當中，他們心中卻都有一本帳。只是他們不重視財務這本大帳，往往僅算計自己心中的那本小帳。

企業家害怕數字。因爲很多時候，財務一說話，就有很多資料、很多術語讓企業家聽不懂。企業家說話，財務也不懂。不懂裝懂，危害無窮。

但是企業規模的一步步壯大，對這些經理人的財務技能提出了要求。不掌握相應的財務知識和技能，是管理不好企業的。那麼，作爲企業家應該怎麼做呢？

一、加強自身的學習

對於企業經理人來說，爲了準確地評估公司現狀，要能理解最基本的財務語言，識別關鍵財務指標，看懂幾種財務報表。幾個重要的財務名詞：資產/負債，帳面價值/市場價值，資本性支出，折舊/攤銷，會計年度，淨利潤率，應收項目/應付項目，收入/支出。幾種重要的財務報表：資產負債表——反映企業在某一特定時期（往往是年末或季末）財務狀況的靜態報告，資產負債表反映的是資產、負債（包括股東權益）之間的平衡關係。損益表——一定時期內經營成果的反映，是關於收益和損耗的財務報表。反映企業在一定時間的業務經營狀況，直接明瞭地揭示企業獲取利潤能力的大小和潛力。現金流量表——反映企業一定期間內的現金流入和流出情況，能評估企業未來產生淨現金流的能力，償還負債的能力，支付股利的能力，向外界融資的需要，以及本期損益與營業活動所產生現金流量的差異。

目前坊間有很多專門的財務管理公司都有提供這些培訓，經理人可以參加。另外在與財務人員日常接觸的過程中，也可以向他們求教。

二、正確用人

無論如何，經理人自身很難成爲一個財務管理專家。優秀的財務負責人對企業的發展至關重要，他本身不但要具備極高的業務素養，能制定出有效的內控制度和會計控制制度，還能爲企業經營提供專業的分析和建議。因此，正確使用優秀的財務專業人員，是經理人克服財務技能不足的捷徑。上市公司用人時，要嚴格考察專業財務人員的職業道德和人品。切忌任人唯親，能力平平的親戚，通常只能進行最基本的帳務處理，無法深刻挖掘資料背後的資訊，對企業的長遠發展不利。

三、引入外援

如果企業已經發展到一定規模，依靠自身力量無法完整的實現資料分析作爲預測企業發展狀況的依據，就可以考慮聘請專門的財務管理顧問協助解決問題。經驗豐富的財務管理顧問擁有各個行業、企業各個發展階段的豐富實踐經驗，能幫助企業找好定位，根據產業整體發展狀況解決個別的問題，並且有時候換個角度看問題，也可以更加客觀，更容易發現平常被忽略的細節。

總而言之，作爲企業的管理者一定要重視財務問題，不能粗心大意，隨隨便便。財務可說是企業生存發展的支柱，支柱倒了，企業也就倒閉了。因此，企業家自己最好要懂得一些財務常識，明瞭企業的財務狀況，至少也要有個精明的財務人員在身邊。只有這樣，企業才能在穩定中發展，在穩定中創造利潤。

▶ 這些都是那些老闆不外傳的藏私祕密 （讀品讀者回函卡）

■ 謝謝您購買本書，請詳細填寫本卡各欄後寄回，我們每月將抽選一百名回函讀者寄出精美禮物，並享有生日當月購書優惠！
想知道更多更即時的消息，請搜尋"永續圖書粉絲團"

■ 您也可以使用傳真或是掃描圖檔寄回公司信箱，謝謝。
傳真電話：（02）8647-3660　信箱：yungjiuh@ms45.hinet.net

◆ 姓名：　□男　□女　□單身　□已婚

◆ 生日：　□非會員　□已是會員

◆ E-Mail：　電話：（ ）

◆ 地址：

◆ 學歷：□高中及以下　□專科或大學　□研究所以上　□其他

◆ 職業：□學生　□資訊　□製造　□行銷　□服務　□金融
□傳播　□公教　□軍警　□自由　□家管　□其他

◆ 閱讀嗜好：□兩性　□心理　□勵志　□傳記　□文學　□健康
□財經　□企管　□行銷　□休閒　□小說　□其他

◆ 您平均一年購書：□ 5本以下　□ 6～10本　□ 11～20本
□ 21～30本以下　□ 30本以上

◆ 購買此書的金額：

◆ 購自：　市(縣)
□連鎖書店　□一般書局　□量販店　□超商　□書展
□郵購　□網路訂購　□其他

◆ 您購買此書的原因：□書名　□作者　□內容　□封面
□版面設計　□其他

◆ 建議改進：□內容　□封面　□版面設計　□其他
您的建議：

剪下後傳真、掃描或寄回至「22103新北市汐止區大同路三段194號9樓之1讀品文化收」

廣 告 回 信
基隆郵局登記證
基隆廣字第 55 號

2 2 1-0 3

新北市汐止區大同路三段 194 號 9 樓之 1

讀品文化事業有限公司　收

電話/(02)8647-3663　傳真/(02)8647-3660

劃撥帳號/18669219　永續圖書有限公司

請沿此虛線對折免貼郵票或以傳真、掃描方式寄回本公司，謝謝！

讀好書品嘗人生的美味

這些都是那些老闆
不外傳的藏私祕密